Handbuch

Laterna magica

Handbuch

Das komplette Canon System von Gestern bis Heute

Bob Shell / Günter Richter

Die in diesem Buch gegebenen Informationen und Ratschläge beruhen auf gründlicher Recherche. Doch nicht jede Information kann nachgeprüft werden. Verlag und Autor übernehmen für die Richtigkeit der Angaben in diesem Buch und sich etwa daraus ergebende Folgen keine Gewährleistung.

Dieses Buch wurde vom Hersteller der Kameras weder in Auftrag gegeben noch gesponsert, noch hat der Autor bei der Anfertigung des Manuskripts irgendwelche Anweisungen oder Forderungen des Herstellers erhalten bzw. befolgt.

Anmerkung:
Wenn in diesem Buch im Zusammenhang mit Kameras von »links« bzw. »rechts« die Rede ist, so bezieht sich dies auf die Sicht des Fotografen in Aufnahmerichtung, nicht jedoch auf den Blick auf die Kamera von vorn.

Übertragung aus dem Englischen und deutsche Bearbeitung: Günter Richter.

© 1994 by Verlag Laterna magica Joachim F. Richter,
D-81479 München.
© 1994 der englischen Originalausgabe by Hove Books, Hove, Sussex,
England

Das verwendete Papier ist aus 100% chlorfrei gebleichtem Zellstoff hergestellt. Die Produktion erfolgt mit Hilfe umweltschonender Technologien unter strengsten Umweltauflagen, unter Wiederverwendung unbedruckter, zurückgeführter Papiere.
Alle Abbildungen stammen, soweit nicht anders vermerkt, vom Autor.
Layout: Buch und Grafik Design, Günther Herdin GmbH, München.
Produktion: Michael Robertson, München.
Satz: Laterna magica.
Druck: Offizin Andersen Nexö, Leipzig.
ISBN 3-87467-543-2
Printed in Germany.

Inhalt

6

Einleitung

Geschichtlicher Rückblick

Sechzig Jahre Kamerabau wird Canon 1995 feiern, wobei die effektive Firmengründung ins Jahr 1933 oder, je nach den zugrundegelegten Kriterien, ins Jahr 1937 fällt.

1933 gründeten der Konstrukteur Goro Yoshida und der Kaufmann Saburo Uchida eine Firma mit dem Namen »Seiki Kogaku Kenyujo«. Mit einer Reihe Gleichgesinnter waren sie der Ansicht, daß eine hochwertige, moderne Sucherkamera komplett in Japan entwickelt und gebaut werden und auf dem Weltmarkt konkurrieren könnte. Noch gab es zu diesem Zeitpunkt keine Fertigung von Kleinbildkameras in Japan, wenngleich andere Kameras seit der Mitte des letzten Jahrhunderts dort gebaut wurden. Die beiden Firmengründer hatten erkannt, daß der Kleinbildkamera die Zukunft gehören würde, und sie wollten Japan an dieser Entwicklung teilhaben lassen. Sicher hätten sie sich nicht im entferntesten träumen lassen, daß ihre kleine Firma eines Tages zu einem weitverzweigten Industriegiganten werden würde, bei dem Kameras nur eine Produktgruppe darstellen.

Gleichfalls an dem Unternehmen beteiligt waren Tomitaru Kaneko, der erste Betriebsleiter, und Takeo Maeda, ein Geschäftspartner Uchidas. Im Laufe der frühen Canon Geschichte schieden alle diese Beteiligten wieder aus der Firma aus, mit Ausnahme von Takeo Maeda, der 1974 Generaldirektor wurde und diese Stellung bis zu seinem Tode innehatte.

Ursprünglich wollte Seiki Kogaku Kenkyujo seine Kameras nach einer buddhistischen Gottheit »Kwanon« nennen. Heute ist sich niemand sicher, ob 1937 Kwanon-Kameras gefertigt wurden oder nicht. Wir wissen lediglich, daß vermutlich nur noch eine einzige Original-Kwanon existiert, die sich heute in der Sammlung der Canon Inc. in Tokio befindet. Vermutlich wurde diese Kamera 1937 von einem Privatmann im Fotogeschäft Shimbido in Tokio gekauft; Ende der fünfziger Jahre wurde sie von Canon zurückgekauft. Ob sie nun eine Serienkamera war oder nur ein Prototyp – die Kwanon wurde zum Vorbild für die von Canon bis 1968 gebauten Kameras.

Im Prinzip ist die Kwanon eine Kopie der Leica II, wenngleich mit einigen Stiländerungen, insbesondere den kantigen statt der runden Ecken der Leica. Der Verschluß ist eine ge-

Die einzige noch vorhandene Original-Kwanon aus der Sammlung der Canon Camera Company, Inc., Tokio. Sie ist mit einem Objektiv KasyaPa 1:3,5/50 mm bestückt. Mit freundlicher Genehmigung der Canon Camera Company, Inc., Tokio.

naue Kopie des Leica-Verschlusses. Unter Sammlern trägt dieses einzige Exemplar der Original-Kwanon die Bezeichnung Kwanon-X. Peter Dechert, der sich intensiv mit der Canon Geschichte beschäftigt hat, ist der Ansicht, daß es sich bei der Kwanon-X um einen ersten Versuch Yoshidas handelt und daß es ein handgefertigter Prototyp aus dem Jahre 1933 ist.

Diese Original-Kwanon ist mit einem Objektiv KasyaPa 1:3,5/50 mm bestückt, das mit jenem späterer Kwanons identisch zu sein scheint.

Ob Serienkamera oder Prototyp, diese Original-Kwanon entsprach nicht dem eigentlichen Ziel der Firma. Sie war noch recht ungeschlacht und ein reiner Leica-Nachbau. Das Unternehmen strebte nach einem rein japanischen Produkt. So kam es, daß die zweite Generation von Kwanon-Kameras den Filmtransportknopf und das Bildzählwerk an der Vorderseite trug und damit etwas an die Original-Contax erinnert, deren Filmtransport-/Verschlußzeitenknopf sich an derselben Stelle befand. Die Kwanon bot Verschlußzeiten von 1/20 s bis 1/500 s. Einen Rückspulknopf gab es nicht, denn die Kwanon spulte von Patrone zu Patrone. Zum Filmeinlegen wurde die Grundplatte abgenommen. Hierzu wurden zwei Riegel gedreht, die die Filmpatronen öffneten und schlossen. Auch dies erinnert an Zeiss. Entfernungsmesser und Sucher befanden sich auf der Oberseite. Vermutlich wurde die Kamera mit einem KasyPa 1:3,5/5 cm verkauft. Niemand weiß heute, wer diese Objektive für die Kwanon herstellte.

Diese Version der Kwanon – von Sammlern als Kwanon-A bezeichnet – ist uns nur aus einer Anzeige in der Ausgabe der *Asahi Camera* vom Juni 1943 bekannt. Nach dem Foto in der Anzeige kann es sich durchaus nur um einen noch unfertigen Prototyp oder eine nur für die Aufnahme gebaute Atrappe gehandelt haben. Die Deckkappe ist offensichtlich unfertig; vom Entfernungsmesser und Sucher führen unverkleidete Stutzen nach hinten zu den Okularen.

Einen Monat später erschien eine weitere Kwanon in derselben Zeitschrift, die genau wie die Kwanon-A aussah, außer daß sie eine geschlossene Deckkappe mit dem Schriftzug »Kwanon« trug. Diese Ausführung wird als Kwanon-B bezeichnet.

In der September-Ausgabe von *Asahi Camera* erschien schließlich eine dritte Kwanon, die wie ein Produktionsmuster der Kwanon-A aussah. Lediglich der tubusförmige Durchsichtsucher war durch einen Klappsucher neben dem Zubehörschuh ersetzt. Sammler haben diese Kamera Kwanon-C getauft. Natürlich wurden diese Bezeichnungen nie vom Werk selbst benutzt und erscheinen auch nicht auf den Kameras. Sie wurden von den Sammlern lediglich zur Unterscheidung eingeführt.

Auch einige hypothetische Kwanons gibt es. So handelt es sich bei der Kwanon-D vermutlich um eine Kwanon-C mit Rückspulknopf. Anlaß zu dieser Vermutung gab ein kleines Foto in einer japanischen Zeitschrift, das eine solche Kamera zu zeigen scheint. Es ist möglich, daß das Werk einige Kwanon-C mit einem Rückspulknopf ausrüstete; eventuell wurde die Änderung auch in einer Reparaturwerkstatt vorgenommen. Exemplare dieses Typs sind jedenfalls nicht bekannt geworden. Auch all die anderen Kameras mit Ausnahme der Kwanon-X im Besitz von Canon sind nur aus den grobkörnigen Anzeigen von Seiki Kogaku bekannt.

Weil Leitz 1934 ein japanisches Patent auf seine Einstellfassung und die Entfernungsmesserkupplung erteilt wurde, konnten die Kwanon-Kameras mit Nachbauten dieser Konstruktionselemente nicht gefertigt und verkauft werden. Mit Unterstützung von Nippon Kogaku gelang es Seiki Kogaku, dieses Problem durch ein anderes System der Objektivfassung und E-Messerkupplung zu lösen, das in den ersten Kameras verwendet wurde, die den Namen Canon trugen – den Canon Hansa.

Änderungen wurden auch durch die weltweite Einführung von Kleinbildfilm in Kodak-Patronen erforderlich. Sie ließen Kameras mit zwei Filmkassetten veraltet erscheinen und erschwerten ihren Absatz. So wurde eine Neukonstruktion nötig, die sowohl die Objektivfassung und den E-Messer betraf als auch eine Rückspulachse und einen Rückspulknopf erforderte. Zudem klang der Name Kwanon Kritikern zu »ethnisch« und Nicht-Japanern zu fremd. So einigte man sich auf die Abwandlung »Canon«, die im Japanischen genau so ausgesprochen wird, ansonsten jedoch neutral ist. Im Juni 1935 beantragte Seiki Kogaku den Warenzeichenschutz für den Namen Canon, der im September desselben Jahres gewährt wurde. Und so begann die lange und erfolgreiche Geschichte der Canon Kameras.

Kwanon-Anzeige aus der Juni-Ausgabe 1943 der Asahi Camera. Exemplare dieses Typs sind nicht bekannt. Mit freundlicher Genehmigung von Jack Naylor.

Die Canon Meßsucherkameras

Die erste richtige Produktionskamera, die den Namen Canon trug, war die Canon Hansa, die Ende 1935 vorgestellt wurde. Sie übernahm die Grundausstattung von den Kwanon-Prototypen und wurde mit einem Nikkor 1:3,5/50 mm als Normalobjektiv verkauft. Canon hatte sich noch nicht an die Herstellung eigener Objektive für seine Kameras gewagt, und sowohl die Objektive als auch die Einstellfassungen für die Canon Hansa kamen von Nippon Kogaku. Wir wissen nicht, wieviele Canon Hansa hergestellt wurden; die beste Schätzung liegt bei etwas über eintausend. Das Gehäuse der Canon Hansa trug keine Seriennummer, doch die Einstellfassungen von Nippon Kogaku waren numeriert, und diese lagen zwischen 55 und 5.200. Die Kameras wurden in kleinen Stückzahlen ganz von Hand gebaut – einige aus restlichen Kwanon-Teilen – und weisen beträchtliche Unterschiede auf. Erkennbar sind sie alle an dem Schriftzug »Hansa« über »Canon« auf der Deckplatte sowie dem Bildzähler an der Vorderseite. Später wurde diese Ausführung »Original Canon« getauft und ist mit Ausnahme des fehlenden »Hansa« identisch. Die »Original« Canon wurde mindestens bis 1940 gefertigt, bis sie von der Canon NS abgelöst wurde.

Nach dem Erfolg der Canon Hansa überarbeiteten die Canon Ingenieure ihre Konstruktion etwas, und es entstand die Canon S. Dieses Modell war der Canon Hansa ähnlich, trug jedoch – wie die Leica – den Bildzähler auf der Deckplatte und konzentrisch zum Rückspulknopf. Der Durchmesser des Filmtransportknopfes wurde verringert, so daß keine versehentliche Betätigung mehr möglich war. Hinzu kam ein Hemmwerk für die längeren Zeiten bis zu einer vollen Sekunde, das mit einem Hebel an der Vorderseite betätigt wurde. Insgesamt sieht die Kamera wie eine Leica III aus, mit Ausnahme der abgeschrägten Ecken, die zum Markenzeichen Canons wurden. Vier oder fünf der ersten Canon S hatten den Langzeitenknopf etwas links vom Auslöser an der Kameravorderseite, um Platz für das Einstellrad an der Objektivfassung zu lassen. Das brachte jedoch mechanische Schwierigkeiten mit sich, so daß der Knopf später so verschoben wurde, daß er teilweise von der Objektivfassung verdeckt wird. Gleichzeitig fügte man einen Hebel hinzu, der die Einstellung der langen Zeiten erleichterte. Etwa 1.600 Canon S

Canon Hansa mit Nikkor 1:3,5/50 mm und Einstellfassung von Nippon Kogaku. Mit freundlicher Genehmigung von Christie's, South Kensington, London.

wurden zwischen Ende 1938 und 1945 gebaut. Die Seriennummern reichen von 10520 bis etwa 12500.

Anfang 1939 führte Canon eine einfachere Ausführung der Canon S ein, die zum Verkauf in großen Stückzahlen bestimmt war. Sie wurde informell als »Junior Canon« bekannt, wurde vor dem Krieg als »Popular Model« verkauft und später als Canon J bezeichnet. Ihr fehlen die langen Zeiten der Canon S sowie der E-Messer. Sie war die erste Canon mit einem Objektiv-Schraubgewinde ähnlich jenem der Leica und sollte eine preisgünstige Alternative zur Canon S sein. So wurde sie etwa zum halben Preis der Canon S verkauft. Das Fehlen eines E-Messers bescherte ihr jedoch nur sehr bescheidenen Erfolg. Sie wurde 1941 aus dem Programm genommen, und möglicherweise wurde die Fertigung noch vor diesem Datum eingestellt. Später, 1943 oder 44, wurde für die japanischen Streitkräfte nochmals eine limitierte Serie aufgelegt, wahrscheinlich aus noch vorhandenen Teilen. Wegen der geringen Stückzahl verkaufter Exemplare ist die Canon J heute sehr selten, und man schätzt die gesamte Produktion auf nur etwa zweihundert. Die Seriennummern lagen zwischen 1.700 und 2.125.

Eine weitere, sehr seltene Kamera ist das »neue Standardmodell«, das nie eine formelle Kurzbezeichnung erhielt, von Sammlern jedoch der Einfachheit halber Canon NS genannt wird. Diese Ausführung wurde 1940 eingeführt und ähnelt der Canon S, hat jedoch keine Langzeiten. Insgesamt wurden etwa einhundert Stück gefertigt, mit Seriennummern zwischen 10.800 und 11.900.

Canon S mit Nikkor 1:2,8/5 cm von Nippon Kogaku.

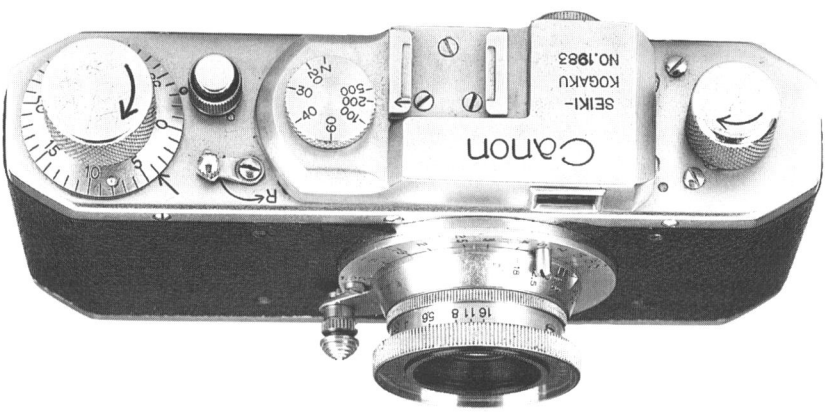

Canon J, informell bekannt unter der Bezeichnung »Junior Canon«. Aufnahmen mit freundlicher Genehmigung von Christie's, South Kensington, London.

Noch seltener – weil nur etwa fünfzig Exemplare gebaut wurden – ist die Canon JS. Dies ist eine Canon J mit zusätzlichen Langzeiten. Nach den Teilelisten wurde sie etwa ab 1941 bis vielleicht 1945 gebaut. Seriennummern reichen von 1.900 bis 2.130.

Eine dritte seltene Kamera aus einer turbulenten Zeit ist die Canon S-I, die erste Nachkriegskamera Canons. Es handelt sich dabei einfach um nach dem Kriegsende gebaute Kameras vom Typ S. Von 1945 bis 1946 wurden 97 Exemplare davon gefertigt. Seriennummern reichen von 12.386 bis 14.160.

Die Canon J-II war die erste Nachkriegskamera, die Canon in größeren Stückzahlen herstellte. Etwa fünfhundert Kameras dieses Typs wurden 1945 und 1946 gebaut. Es handelte sich dabei um eine einfache Konstruktion, die in der schwierigen Wiederaufbauphase ohne Probleme montiert werden konnte. Die meisten Teile stammten von der Canon S, doch es fehlten der E-Messer und die Langzeiten. An der Stelle des Langzeitenknopfes befindet sich ein mit drei Schrauben befestigter und nicht von der Belederung verdeckter Metalldeckel. Bei der Objektivfassung handelt es sich um dasselbe Schraubgewinde wie bei der Original Canon J, obwohl spätere Modelle vom Typ J-II teilweise ein anderes Gewinde aufweisen. Seriennummern reichen von 8.000 bis 8.700. Dies war auch die erste in größeren Stückzahlen hergestellte Canon Kamera mit einem Serenar 1:3,5/50 mm als Alternative zum normalen Nikkor 1:3,5/50 mm. Dies ist insofern bedeutungsvoll, als das Serenar von Seiki Kogaku hergestellt wurde, wie sich Canon damals nannte, und den Beginn der eigenen Objektivkonstruktion und -fertigung für Kleinbildkameras darstellt. Zuvor baute die Firma lediglich Objektive für ihre Röntgenkameras, von denen einige an J-Kameras angepaßt wurden.

Die sehr seltene neue Standard-Canon, die nie eine formelle Modellbezeichnung trug, sondern Sammlern als »Canon NS« bekannt ist, mit Nikkor 1:3,5/5 cm. Aufnahmen mit freundlicher Genehmigung von Christie's, South Kensington, London.

Oben:
Die noch seltenere Canon JS. Mit freund-
licher Genehmigung der Canon Camera
Company, Inc., Tokio.

Rechts:
Canon J-II mit Serenar 1:3,5/5 cm.

Und nun kommen wir zur ersten in größeren Stückzahlen gebauten Canon Kamera, der Canon S-II. Zwischen 1946 und 1949 wurden etwa 7.500 Kameras dieses Typs hergestellt, einige weitere in kleinen Stückzahlen auch nach diesem Zeitpunkt. Die S-II wurde in vielerlei Hinsicht zu einem Neubeginn für Canon. Denn man kam nicht umhin, die komplexe und teure Einstellfassung von Nippon Kogaku zugunsten eines einfacheren, Leica-ähnlichen Schraubgewindes aufzugeben. Während einige frühere Canon Kameras mit diesem Schraubgewinde versehen waren, fehlte die Standardisierung von Kamera zu Kamera, so daß ein beliebiger Objektivwechsel nicht möglich war. Die S-II wurde mit einem halbuniversellen Objektivanschluß versehen, der einen Objektivwechsel von Gehäuse zu Gehäuse ermöglichte und auch für Leica-Objektive geeignet war. Einige der S-II-

Kameras waren mit dem älteren J-Anschluß ausgestattet, bei dem es sich gleichfalls um ein Schraubgewinde handelte, das jedoch nicht für Leica-Objektive taugte.

Die Canon S-II war die erste japanische Kamera mit Meßsucher. Damit entfiel der lästige Okularwechsel zwischen Fokussierung und Ausschnittwahl. Zeiss hatte den Meßsucher vor dem Krieg in seiner Contax eingeführt, doch war das Canon Sy-

stem eindeutig besser und auf jeden Fall mechanisch einfacher. Wenngleich das Okular nach heutigen Maßstäben klein ist, wirkt der Sucher einer Canon S-II noch immer recht hell, und der E-Messer ist – sofern in gutem Zustand – noch immer kontrastreich und relativ einfach in der Anwendung.

Die S-II führte auch zum Neubeginn bei der Herstellung der Kameragehäuse. Vor der S-II wurden Ca-

Canon S-II, die erste von Canon in größeren Stückzahlen gebaute Kamera, die Canons Ruf für Qualität und Innovation begründete. Das obere Bild zeigt ein frühes Modell, das noch die alte Firmenbezeichnung »Seiki Kogaku« trägt. Darunter ein Exemplar nach der Namensänderung 1947 in Canon Camera Company. Beide Kameras sind mit einem Serenar 1:3,5/5 cm ausgerüstet.
Fotos mit freundlicher Genehmigung von Jack Naylor.

non Gehäuse aus Stahlblech gefertigt, das gestanzt und geformt wurde. Dies ergab zwar Gehäuse annehmbarer Qualität, führte jedoch zu Schwierigkeiten bei der Justierung des Verschlusses und der Filmebene und erforderte aufwendiges Unterlegen zwischen Verschluß und Gehäusewand. Bei der S-II stellte Canon auf ein Druckgußgehäuse mit größerer Wandstärke um. Dieses erwies sich als maßhaltiger und stabiler und gestattete den völligen Verzicht auf manuelles Unterlegen. S-II-Kameras unterscheiden sich beträchtlich: Einige haben Stahlblechgehäuse, andere Druckgußgehäuse mit sehr geringer Wandstärke, die meisten bessere Druckgußgehäuse mit großer Wandstärke. Bei diesen ersten Kameras ist kein rechtes System erkennbar, und es scheint, daß die Teile recht willkürlich eingesetzt wurden, bis sie aufgebraucht waren.

Auch der Übergang von der alten Firmenbezeichnung »Seiki Kogaku« zu der moderneren »Canon Camera Company, Ltd.« vollzog sich mit der Canon S-II. Formell fand die Umbenennung am 15. August 1947 statt, und sehr bald fand sie sich ausschließlich auf allen Kameras, Objektiven und Zubehör.

Die Canon S-II wurde in großen Stückzahlen auch an die amerikanischen Militärläden im besetzten Japan verkauft, und viele dieser Kameras fanden den Weg nach den USA und Europa und begannen, Canons Ruf in diesen Ländern zu begründen.

Diese Kameras wurden mit einer Raute mit den Buchstaben »CPO« (Central Purchasing Office) oder den entsprechenden japanischen Zeichen versehen. Später wurde die Raute gewöhnlich rot ausgelegt und durch die Buchstaben »E-P« ergänzt.

Die Canon S-II, insbesondere spätere Ausführungen, sind außerordentlich robust und zuverlässig und geben auch heute noch hervorragende Aufnahmen. Und weil sie in relativ großen Stückzahlen gebaut und so viele an amerikanische Militärläden verkauft wurden, sind sie weder so selten noch so teuer wie frühere Canon Kameras.

So gut die S-II auch war, Canon trachtete weiter nach Besserem. So wurde Anfang 1949 die Canon IIB mit einem revolutionären neuen Sucher vorgestellt. Diese Kamera ist im wesentlichen mit der S-II identisch. Einzige Unterschiede waren kleinere kosmetische Änderungen und der neue Sucher. Konzentrisch zum Rückspulknopf der IIB befindet sich ein Hebel mit den drei Stellungen »F«, »1X« und »1.5X«. Dieser Hebel verschiebt ein optisches Bauteil im Sucher, so daß sich in Stellung »F« das volle Gesichtsfeld für das Objektiv 50 mm ergibt. In Stellung »1X« wird das Sucherbild zur leichteren

Scharfeinstellung vergrößert, und das Gesichtsfeld entspricht etwa dem Objektiv 100 mm. In Stellung »1.5X«, schließlich, ergibt sich noch stärkere Vergrößerung zur noch genaueren Scharfeinstellung und ein Gesichtsfeld, das etwa dem Objektiv 135 mm entspricht.

Von der Canon IIB wurden bis Ende 1952 etwa 14.400 Stück hergestellt. Die Seriennummern reichen von 21.050 bis 42.400.

Im Jahre 1950 baute Canon etwa 50 Stück einer neuen Kamera, die nie eine Modellbezeichnung erhielt und von Sammlern einfach als Canon 1950 bezeichnet wird. Sie ist im Prinzip mit der Canon IIB identisch, hat jedoch einen verbesserten Verschluß mit der Grenze zwischen langen und kurzen Zeiten bei 1/25 s statt der 1/20 s in den früheren Kameras. Der neue Verschluß geht bis 1/1000 s und ist synchronisiert. Die Synchronisation mit Canon Blitz-

geräten erfolgt über einen speziellen Steckschuh an der linken Kameraseite. Dies war die letzte Kamera mit der Gravur »Canon Camera Company Ltd.«, denn Anfang 1951 wurde die Firmenbezeichnung in Canon Camera Company, Inc., geändert.

Die Canon 1950 ist eine der seltensten Canon Kameras überhaupt, und die meisten der 50 gebauten Exemplare sind verschwunden. Die Seriennummern bewegen sich zwischen 5.000 und 50.199. Dies war übrigens auch die erste Canon Kamera, die sich für die Schnellschalt-Bodenplatte eignete, ein Zubehör, das schnellen Filmtransport mit einem Hebel gestattete.

Im Februar 1951 stellte Canon seine erste echte Serienkamera mit dem neuen, für die Kamera 1950 geschaffenen Verschluß vor. Seltsamerweise fehlte dieser Kamera, der Canon III, die Blitzsynchronisation. Die Öffnung im Kameragehäuse,

durch den der Synchrondraht führen würde, ist von Hand mit einer weißen Masse verschlossen. Dasselbe gilt für die Nut, in der der Draht außen verlaufen würde, sowie für den Schlitz, in den der Blitzschuh gepaßt hätte. Offensichtlich war eine größere Anzahl Gehäuse für das Modell 1950 gefertigt worden, und statt die Produktion auf die Canon III umzustellen, brauchte man die vorhandenen Gehäuse auf diese Weise auf. Unter der Beleberung ist davon jedoch nichts weiter zu spüren, und es ist mehr ein historisches Detail von Interesse für den Eingeweihten.

Anfang 1951 brauchten japanische Hersteller ihre Kameras nicht mehr mit »Made in Occupied Japan« zu gravieren. Einige wenige Canon III tragen die Gravur »Made in Japan« auf der Bodenplatte, die meisten Bodenplatten nach 1950 jedoch

Canon II B mit Serenar 1:1,9/50 mm.

Oben:
Canon III mit Serenar 1:1,9/50 mm.

Rechts:
Canon 1950, die erste Canon für die Schnellschalt-Bodenplatte und eine der seltensten aller Canon Kameras. Mit freundlicher Genehmigung von Peter Dechert.

sind unmarkiert. Stattdessen wurde auf der Oberseite unter dem »Canon« das Wort »Japan« hinzugefügt. Mit einer Produktionsziffer von über 10.000 ist die Canon III relativ häufig anzutreffen. Die Seriennummern bewegen sich zwischen 50.200 und 81.850.

Gleichfalls 1951 baute Canon eine einfachere Ausführung mit der Bezeichnung Canon IIC. Diese war mit der Canon III identisch, lediglich fehlte ihr die kürzeste Zeit 1/500 s. Die IIC wurde wegen der weiterlaufenden IIB nur kurze Zeit produziert. Etwa 800 Stück wurden gebaut, mit Seriennummern zwischen 50.200 und 57.850.

Das dritte 1951 vorgestellte, neue Modell war die Canon IV. Sie ist absolut identisch mit der III, übernimmt jedoch die Blitzsynchro-

nisation von der Canon 1950. Canon erhielt ein Patent auf diese Art der Blitzsynchronisation, und die IV trägt einen entsprechenden Hinweis im Innern, am Boden der Verschlußgruppe. Diese Kamera wurde nur vom April 1951 bis April 1952 hergestellt, so daß sich die Stückzahl mit 1.400 in relativ bescheidenen Grenzen hält. Dies macht sie zu einem der selteneren Serienmodelle. Die Seriennummern bewegen sich von 51.270 bis 67.825.

Von Ende 1951 bis fast Ende 1953 baute Canon die IIIA. Der Hauptunterschied zwischen dieser und der III ist der Übergang von dem bis dahin verwendeten halbuniversellen Schraubgewinde zum neuen, universellen Schraubgewinde, das voll mit der Leica kompatibel war. Andere Unterschiede waren rein kosmetisch: ein neuer Transportknopf mit Filmmerkscheibe darauf, ein neu gestalteter Sucher-Vergrößerungshebel und ein neuer

Canon II C, ähnlich der Canon III, jedoch ohne der kürzesten Zeit 1/1000 s. Mit freundlicher Genehmigung der Canon Camera Company, Inc., Tokio.

Canon IV, identisch mit der Canon II, jedoch mit Blitzsynchronisation. Mit freundlicher Genehmigung der Canon Camera Company, Inc., Tokio.

Rückspulknopf im Stile des Transportknopfes.

Weil die IIIA eine lediglich kosmetisch veränderte III war, wurden viele dieser Kameras mit Teilen von beiden Modellen gebaut, und diese Hybrid-III/IIIA sind für den Sammler interessant, wenngleich nicht sonderlich wertvoll, weil sie leicht aus Exemplaren beider Typen »nachgebaut« werden können.

Insgesamt wurden knapp über 9.000 Stück der IIIA hergestellt. Die Seriennummern liegen zwischen 61.150 und 105.800.

Denselben Austausch von Teilen praktizierte Canon beim Modell IV, so daß die Canon IVF entstand. Diese ist identisch mit dem Modell IV, mit Ausnahme des Objektivanschlusses und der obengenannten kosmetischen Änderungen. Wie bei der III/IIIA gibt es einige Hybrid-IV/IVF. Auch diese sind nicht besonders wertvoll, denn sie lassen sich leicht aus Teilen der IV und IVF »nachbau-

en«. Von Ende 1951 bis Ende 1952 wurden etwa 2.000 Stück davon hergestellt. Die Seriennummern liegen zwischen 52.610 und 69.000.

Einen weiteren Versuch zur Schaffung einer preiswerten Kamera unternahm Canon 1952 mit der Canon IIA. Hierbei handelt es sich um eine IIIA ohne die langen Zeit und die 1/1000 s. Das Loch, in dem der Langzeitenknopf gesessen hätte, wurde mit einer gedrehten Metallplatte mit Belederung versehen, was

Links:
Canon III A, das
erste Modell mit
dem neuen uni-
versellen Objek-
tivanschluß und
voller Kompati-
bilität mit Leica-
Objektiven. Mit
freundlicher Ge-
nehmigung von
Jack Naylor.

Unten:
Canon IV F.
Foto: Joseph
DeLora.

weitaus attraktiver aussieht als das häßliche Loch in der Belederung der J-II. Offensichtlich wurden diese Kameras für Europa gebaut, da die meisten der bekannten Exemplare das größere europäische Stativgewinde aufweisen. Die genaue Stückzahl ist unbekannt, doch nahm der Markt nicht die gesamte Produktion auf, und der Rest wurde an die Vereinigten Staaten zum Verkauf über

Militärläden verkauft oder zurückgerufen und ausgeschlachtet. Die verkaufte Stückzahl ist unbekannt. Schätzungen reichen von vierzehn bis 118. Wie dem auch sei, nur fünf oder sechs davon sind heute noch in Sammlungen vorhanden.

Die Canon IVS ist praktisch identisch mit der IVF. Canon hatte die Produktion bei der IIIA von einem gestanzten Verschlußmodul auf ein

solches aus Druckguß umgestellt, das steifer war und größere Konstanz der Filmebene gewährleistete. Dies wurde jedoch nie besonders hervorgehoben, da die meisten Kamerabenutzer mit dieser Aussage nichts hätten anfangen können.

Bei der IVF stieß Canon jedoch auf ein PR-Problem. Man hatte nämlich bei der Festlegung der Bezeichnung IVF übersehen, daß »4-F« beim amerikanischen Militär »ungeeignet für militärischen Einsatz« bedeutet, und mußte nun entsprechende Witze über die Kamera hinnehmen. Dies war noch vor den Tagen der internationalen Marketing-Berater, die heute genau diese Probleme vermeiden helfen sollen. Um den Witzen ein Ende zu bereiten, änderte Canon die Bezeichnung IVF mit der Änderung der Verschlußgruppe in IVS. Produktionszahlen sind unbekannt, denn Canon führte die IVF und die IVS gemeinsam, liegen jedoch wahrscheinlich um 5.000. Die Seriennummern bewegen sich zwischen 64.000 und 85.000.

Die Ende 1952 vorgestellte Canon IID wurde ein großer Erfolg. Sie war als preisgünstigere Alternative zur IIIA gedacht und verzichtete lediglich auf die 1/1000 s, die Film-

Canon II A

Canon IV S, äußerlich identisch mit der IVF, jedoch mit Druck-guß-Verschlußgruppe; mit Se-renar 1:1,8/50 mm. Mit freundli-cher Genehmigung der Canon Ca-mera Company, Inc., Tokio.

merkscheibe und die Blitzsynchroni-sation. Da die meisten Fotografen diese Dinge sowieso nicht brauchten, überholten die Verkaufszahlen der IID schnell jene der IIIA, die darauf-hin eingestellt wurde.

Dies ist eine der weiter verbreite-ten Canon Sucherkameras, denn in ihrer langen Laufzeit von Ende 1952 bis Anfang 1955 wurden fast 22.000 Stück hergestellt. Die Seri-

ennummern liegen zwischen 64.020 und 160.150.

Ende 1952 wurde die IID durch die Canon IID1 ersetzt, die lediglich eine zusätzliche Filmmerkscheibe auf dem Transportknopf trägt. Etwa 2.400 Exemplare dieses Modell wur-den von 1952 bis 1954 gebaut. Die Seriennummern bewegen sich zwi-schen 72.400 und 125.000.

Gleichfalls 1952 stellte Canon

sein größtes Erfolgsmodell der Frühzeit vor, die Canon IVSB. Diese übernahm die bewährte Ausstattung der IVS, erhielt jedoch zwei neue Merkmale: eine Verriegelung des Langzeitenknopfes zur Verhinderung einer versehentlichen Verstellung der 1/25 s und – weitaus wichtiger – Blitzsynchronisation. Diese erfolgte mit Canon Blitzgeräten über einen an einer Kameraseite angebrachten

Blitzschuh und wurde mit dem Langzeitenknopf auf etwa 1/15 s eingestellt. Nachdem die Synchronisation auch nachträglich eingebaut werden konnte, wurden viele Kameras der Typen IV, IVF und IVS in Reparaturwerkstätten auf IVSB umgebaut.

Etwa 35.000 dieser werksseitig synchronisierten Kameras IVSB wurden zwischen 1952 und 1955 hergestellt. Die Seriennummern bewegen sich zwischen 65.760 bis 160.000.

In unserer Zeit, in der AF für Autofokus steht, wirkt es kurios, daß Canon 1953 eine als IIAF bezeichnete Kamera baute. Sie wurde nur wenige Monate produziert, und nur fünfzehn gebaute Exemplare sind nachgewiesen. Die IIAF ist eine IIA mit Blitzsynchronisation. In den Werksunterlagen wurde das »F« stets kleingeschrieben, so daß wir diese Kamera eigentlich Canon IIAf nennen sollten. Peter Dechert hat darauf hingewiesen, daß die mythische Canon IIAX durch einen Lese-

Links:
Canon II D, eine der erfolgreichsten Canon Meßsucherkameras und deshalb eine der häufiger anzutreffenden; mit Canon Objektiv 1:1,8/50 mm. Mit freundlicher Genehmigung der Canon Camera Company, Inc., Tokio.

Unten:
Canon II D1 mit dem hochgeöffneten Canon Objektiv 1:1,2/50 mm.

fehler entstand: Das »X« war lediglich ein recht schiefes »f«, geschrieben von einer Hand, die eher mit japanischen Schriftzeichen vertraut war.

Selbst wenn nur etwas weniger als 12.000 Canon IIF gebaut wurden, ist diese Kamera – insbesondere in den USA – viel zahlreicher als die reine Produktionsziffer vermuten läßt. Der Grund hierfür dürfte sein, daß viele amerikanische Soldaten diese Kamera kauften und mit nach Hause nahmen. Die Canon IIF wurde von 1953 bis 1955 hergestellt. Die meisten Canon IIF im Besitz von Sammlern werden das rote »E-P« in einer Raute unter dem Namenszug Canon auf der Deckplatte aufweisen. Dies bedeutet, daß die Kameras zum Verkauf an die Besatzungsmacht bestimmt waren. Die Canon IIF hat Einstellknöpfe für sowohl lange als auch kurze Zeiten (nur bis 1/500 s). Sie ist werksseitig für Kolbenblitz synchronisiert, nicht jedoch für Elektronenblitz.

Canon IV SB, Canons größter Erfolg der Frühzeit. Man beachte das »E-P« in einer Raute auf der Deckplatte. Es bedeutet, daß die Kamera zum Verkauf an die Besatzungsmacht bestimmt war. Mit freundlicher Genehmigung von Christie's, South Kensington, London.

Canon II AF. Mit freundlicher Genehmigung von Peter Dechert.

Das einzige, was der Canon IIF fehlte, war die Synchronisation für Elektronenblitz. Mit dieser ergibt sich die Canon IIS, die 1954 und 1955 gebaut wurde. Weniger als 2.000 Exemplare dieses Typs wurden hergestellt. Die IIS wurde wahr- scheinlich gleichfalls überwiegend an die amerikanische Besatzungsmacht verkauft, da die meisten noch vor- handenen Exemplare das »E-P« auf- weisen. Die IIF und die IIS sind die ersten Canon Kameras mit Modell- nummern. Diese befinden sich innen im Kameraboden innerhalb des Ein- legdiagramms. Leider sind nicht alle IIF und IIS so gekennzeichnet.

Ab Ende 1954 führte Canon ver- besserte Versionen von vier seiner erfolgreichen Kameras ein, der Ca- non IVSB2, der Canon IIS2, der Ca-

Canon II F.

Canon II F und das Canon Blitzgerät für den seitlichen Blitzschuh, zusammen mit zeitgemäßem Canon Ver- packungsmaterial und Canon Druckschriften. Mit freundli- cher Genehmigung von Christie's, South Kensington, London.

non IID2 und der Canon IIF2. Die wichtigste Änderung war bei diesen Kameras eine neue Verschlußkonstruktion mit Trennung der langen von den kurzen Zeiten bei 1/30 s. Der neue Verschluß gestattete zum erstenmal die Synchronisation von

Elektronenblitz mit den kurzen Zeiten, bei einer Einstellung in der Mitte zwischen 1/30 s und 1/60 s. Dies führte zu einer bedeutenden Verringerung des Einflusses der vorhandenen Beleuchtung und der Bildung verwaschener Konturen, wie sei bei

längeren Synchronzeiten nur zu häufig auftreten. Für Elektronenblitzgeräte mit Zündverzögerung wurde auch die X-Synchronisation am Langzeitenknopf beibehalten. Die Zeiten des neuen Verschlusses entsprechen der heutigen, symmetrischen Pro-

Canon II S, eine IIF mit Synchronisation für Elektronenblitz. Foto: Joseph DeLora.

Canon IV SB2. Die neue Sucherskala »F, 1x, 1.5x« neben dem Rückspulknopf ist deutlich sichtbar.

Canon II S2 mit E-P-Gravur. Foto: Joseph DeLora.

Canon II D2. Mit freundlicher Genehmigung von Peter Dechert.

1/1000 s. Über 16.000 Kameras dieses Typs wurden zwischen 1954 und 1956 hergestellt.

Die Canon IID2 ist wie die IIS2, jedoch ohne Blitzsynchronisation. Über 16.000 Stück wurden von dieser Kamera zwischen Anfang 1955 und Ende 1956 gebaut.

Die Canon IIF2 ist ähnlich der IIS2, jedoch ohne Synchronisation für Elektronenblitz. Etwas über 2.500 Stück dieses Typs wurden gebaut, so daß er relativ selten ist. Die meisten Kameras waren mit »E-P« graviert. Dieses Modell wurde nur 1955 gebaut.

Bis zu dieser Zeit hatte Canon im Prinzip mit einer ständig verbesserten Leica-Kopie gearbeitet. Die Bedienungselemente, der Verschluß und die Gesamtkonstruktion waren auf der Leica mit Schraubgewinde aufgebaut, wenngleich Canon einige Neuerungen und Verbesserungen hinzugefügt hatte. Mit der M3 hatte

gression. Canon war damit moderner als Leitz, denn die zur gleichen Zeit eingeführte Leica M3 wies noch die alte Progression auf. Etwa 17.000 Kameras IVSB2 wurden von 1954 bis 1956 hergestellt. Der Grund für die Verwendung der Zahl »2« in den Typenbezeichnungen statt der römischen »II«, wie sie Canon bis dahin in den Modellbezeichnungen verwendete, liegt darin, daß

das japanische Schriftzeichen für »neu und verbessert« der Ziffer 2 stark ähnelt und von mehreren japanischen Herstellern abwechselnd mit der »2« benutzt wurde. Außerdem wäre IVSBII noch unhandlicher als Modellbezeichnung!

Die Canon IIS2 mag als IVSB2 mit dem neuen Verschluß und allen anderen Ausstattungsdetails gelten, jedoch ohne der kürzesten Zeit

Rechts:
Canon VT

Unten rechts:
Canon II F2. Mit freundlicher
Genehmigung von Peter Dechert.

Leitz den Weg in die Zukunft der Meßsucherkameras gewiesen, und es wurde klar, daß sich auch Canon nach einer besseren, moderneren Konstruktion umsehen mußte.

Die 1956 eingeführte Canon VT gab den Auftakt hierzu. Zunächst einmal wich ihr Erscheinungsbild deutlich von dem ihrer Vorgänger ab. Die Kamera war größer, sehr schnittig und elegant, mit neugestalteten Einstellknopten für kurze und lange Zeiten sowie einem attraktiven, neuen Selbstauslöserhebel, der in dieser Form viele Jahre bis in die Ära der SLR-Kameras überdauern sollte. Die vom Standpunkt des Benutzers jedoch wichtigste Neuerung war die nunmehr angelenkte Rückwand, die den Filmwechsel wesentlich erleichterte. Denn lange genug hatten sich die Fotografen über das Filmeinlegen bei abgenommener Bodenplatte geärgert. Die Blitzsynchronisation erfolgte nun über einen Kabelkontakt an der linken Seite, eine schöne Konstruktion mit einem praktischen Überwurfring. Ein zum Knopf für die kurzen Zeiten konzentrisch angeordneter Hebel gestattete die Umschaltung zwischen X- und Kolbenblitz-Synchronisation.

Der Rückspulknopf war nunmehr angefedert und in die Deckplatte eingelassen.

Außer dem leichteren Filmeinlegen zeichnete sich die neue Kamera durch einen Sucher aus, der nur als spektakuläre Verbesserung gegenüber den früheren Modellen bezeichnet werden kann. Das Okular war größer, der Sucher heller. Umschaltbar war der Sucher auf den Bildwinkel eines Objektivs 35 mm, eines solchen 50 mm und auf 150%ige Vergrößerung zur leichteren Scharf-

einstellung. Im Gegensatz zu den Leica-M-Modellen sind keine Bildbegrenzungen für die verschiedenen Objektive vorhanden, eine neuartige Kupplung läßt jedoch bei der Fokussierung einen Stift im Zubehörschuh ein- bzw. ausfahren. Dieser Stift kuppelt mit verschiedenen gleichzeitig eingeführten Spezialsuchern und führt zum automatischen Parallaxenausgleich bei jedem Abstand.

Eine Eigenheit der VT war ihr Schnellschalthebel, der in einem Schlitz in der Bodenplatte lief. Heute, da wir gewöhnt sind, Schnell-schalthebel mit dem Daumen zu be-dienen (oder die Arbeit einem Motor zu überlassen), kommt uns dies recht fremd vor, doch es funktio-niert sehr gut, wenn man sich ein-mal daran gewöhnt hat. Wenn der Hebel einmal unpraktisch ist, klappt man ihn ein und transportiert mit dem großen Transportknopf auf der Oberseite.

Das Bildzählwerk sitzt im Kame-ra-Innern und ist durch ein kleines Fenster in der Deckplatte sichtbar,

muß jedoch noch von Hand zurück-gestellt werden. Knapp 16.000 VT wurden 1956 und 1957 gebaut, be-vor der Nachfolger Canon VT Deluxe erschien.

Um 1956 scheinen die Canon Konstrukteure einen Anfall von Schi-zophrenie gehabt zu haben. Einer-seits wollten sie ihren Schnellschalt-hebel in der Bodenplatte forcieren, auf der anderen merkten sie jedoch, daß dieses Konzept nicht ankam. Anstatt sich nun für eine von zwei Lösungen zu entscheiden, fuhren sie zweigleisig. Ende 1956 stellten sie die Canon L2 vor, bei der es sich im Prinzip um eine VT mit einem Dau-menhebel für den Filmtransport auf der Kamera-Oberseite handelte. Aus unbekannten Gründen gab man der Kamera eine kürzeste Verschlußzeit von nur 1/500 s mit und sparte sich

Links:
Canon L1

Unten:
Canon L2 mit Canon 1:1,8/50 mm. Mit freundlicher Genehmigung der Canon Camera Company, Inc., Tokio.

die Blitzsynchronisation. Auch der Selbstauslöser fehlte. Weil diese Kamera nicht im Ausland forciert und nur in kleiner Stückzahl (knapp über 7.000) gebaut wurde, ist sie heute außerhalb Japans kaum anzutreffen.

Es wirkt seltsam, daß die L2 vor der Canon L1 kam, doch so ist es. Die L1 wurde nur 1957 gebaut. Etwa 8.000 Stück verließen das Werk. Im Grunde handelte es sich um eine modifizierte VT, mit einer wichtigen Verbesserung, die später große Bedeutung erlangen sollte: einer schnellen Rückspulkurbel statt des herkömmlichen Knopfes. Wie der L2, fehlte auch ihr der Selbstauslöser; vorhanden waren hingegen die 1/1000 s und X-Synchronisation. Auch war die Canon L1 die erste Kamera, die serienmäßig sowohl in Chrom als auch in Schwarz angeboten wurde. Beide, die L2 und die L1, hatten eine Vorrichtung auf der Rückspulseite, die das Öffnen und Schließen einer Leica-Kassette gestattete.

Trotz Einführung der L2 und L1 war Canon noch nicht bereit, seinen Schnellschalthebel in der Bodenplatte aufzugeben. So erschien 1957 die erste Kamera der Baureihe VT Deluxe. Diese war mit der VT identisch, übernahm jedoch die Rückspulkurbel

der L2 und L1. Die VT Deluxe wurde in Chrom und Schwarz angeboten, allerdings mit einigen kleineren Variationen. So hatten einige der schwarzen Kameras verchromte Selbstauslöserhebel. Alle jedoch sind durch ein orange eingelassenes »MODEL VT de luxe« an der Vorderseite der Bodenplatte ausgewiesen. Etwa 3.500 Exemplare dieses Typs wurden 1957 hergestellt.

Die zweite Ausführung der VT Deluxe wird von Sammlern als Canon VTDZ bezeichnet. Sie ist identisch mit der Original-VT-Deluxe, hat

jedoch einen Kassettenöffner in der Bodenplatte wie die L2 und L1. Bei diesen Kameras ist die Typenbezeichnung meist schwarz eingelassen statt orange. Fast 5.000 dieser Kameras wurden 1957 und 1958 gebaut.

Die dritte Variante der VT Deluxe wird von Sammlern als Canon VTDM bezeichnet. Dabei handelt es sich, um dies noch einmal zu betonen, lediglich um »Sammler-Jargon«. Canon bezeichnete diese Kamera in seinen Unterlagen als »VT Deluxe M«. Etwa 2.500 Kameras dieses Typs

Oben:
Canon VT Deluxe in Schwarz mit Schnellschalthebel in der Bodenplatte.

Canon VT Deluxe mit Canon Objektiv 1:1,2/50 mm

Canon L3 mit Canon Objektiv 1:2,8/50 mm. Mit freundlicher Genehmigung der Canon Camera Company, Inc., Tokio

wurden 1958 hergestellt. Der wichtigste Unterschied zu früheren Versionen der VT Deluxe war ein Metall-Schlitzverschluß. Dieser wurde von Canon nicht wegen seiner größeren Haltbarkeit eingeführt, sondern um den Brennlöchern in Gummituch-Verschlüssen beizukommen, die entstanden, wenn die Kameras auf die Sonne gerichtet wurden. Auch der Sucher der VTDM war verbessert und wies versilberte Reflexionsflächen statt der bei früheren Kameras verwendeten goldfarbenen Verspiegelung auf. Da die Besitzer älterer VT Deluxe bei einer Reparatur einen Metall-Schlitzverschluß einbau-

en lassen konnten, ist der wärmere Farbton des Suchers ein gutes Indiz dafür, daß es sich effektiv um eine VTDM handelt.

Canon gab den Daumen-Schnellschalthebel mit der L1 nicht auf, sondern verwendete ihn weiter in der L3, die von 1957 bis 1958 hergestellt wurde. Bei dieser Kamera handelte es sich um eine abgespeckte Ausführung ohne 1/1000 s, Blitzsynchronisation und Selbstauslöser. Statt einer Kurbel hatte sie nur einen einfachen Rückspulknopf. Trotz einer Produktionsziffer von fast 13.000 sieht man diese Kamera außerhalb Japans nur selten. Leicht

zu erkennen ist sie an einem einfachen Schraubstopfen, mit dem das Loch (des Blitzkontakts) in der Deckplatte verschlossen wurde.

Einen ersten Versuch mit Metall-Schlitzverschlüssen unternahm Canon mit einer Vorserie von 22 Canon VL, die 1956 gebaut wurden. Wie bereits erwähnt, sollten diese dem Problem der Brandlöcher beikommen, die immer dann entstanden, wenn das Objektiv einer Kamera mit Gummituchverschluß auf die Sonne gerichtet wurde. Wie ein Brennglas fokussierte das Objektiv dann die Sonnenstrahlen auf den Verschluß, und das Ergebnis kann

Canon VL. Mit freundlicher Genehmigung der Canon Camera Company, Inc., Tokio.

man sich leicht vorstellen. So entschied sich Canon für Verschlußvorhänge aus einer sehr dünnen Folie aus rostfreiem Stahl, die auf beiden Seiten mit einer dünnen Neopren-Schicht »geschwärzt« war.

Canon war nicht der erste Hersteller, der einen Metall-Schlitzverschluß einsetzte. Hasselblad verwendete schon 1953 einen Verschluß aus rostfreier Stahlfolie in der 1600 F, doch erkannte Canon als erster die Vorteile eines solchen Verschlusses in einer Meßsucherkamera. Die ersten 22 Kameras des Typs VL waren wahrscheinlich eine Art Testmuster, in denen der neue Verschluß seine Tauglichkeit beweisen sollte. Offensichtlich verlief der Test zur Zufriedenheit, denn Ende 1957 ging die Kamera mit diesem Verschluß in Serie und wurde bis Ende 1958 in etwa 5.500 Exemplaren gebaut.

Die VL ist praktisch identisch mit der L1. Einzige Unterschiede sind der neue Verschluß und die Verspiegelung der Sucheroptik. Wenngleich die VL in den Canon Unterlagen in

Schwarz abgebildet ist, hat bisher noch niemand ein solches Exemplar gesehen, und vermutlich kam sie auch nie so auf den Markt.

Kurz nach der VL kam die Canon VL2, die von Anfang bis Ende 1958 gebaut wurde. Etwa 8.500 Exemplare wurden hergestellt. Die VL2 ist eine vereinfachte VL ohne der 1/1000 s.

Etwa 1957 erkannten die Canon Ingenieure die Notwendigkeit einer durchgreifenden Neukonstruktion ihrer Kameras. Die Leica M-Reihe hatte gezeigt, daß nicht mitdrehende Verschlußzeitenknöpfe nicht nur praktisch, sondern ausgesprochen nützlich waren. An allen Canon Kameras drehten sich die Verschlußzeitenknöpfe beim Verschlußablauf mit, denn sie waren direkt mit der Verschlußtrommel verbunden. So mußte der Fotograf sehr aufpassen, daß er den Knopf bei der Auslösung nicht berührte. Andernfalls hätte schon eine leichte Reibung zur Verlängerung der Belichtungszeit und damit zur Fehlbelichtung geführt.

Bei Queraufnahmen mag dies weiter kein Problem gewesen sein, doch es gab nach wie vor Leute, die damit Schwierigkeiten hatten. Bei Hochaufnahmen war die Gefahr schon größer, daß man den Zeitenknopf berührte. Solange nur die sehr teure Leica einen nicht mitdrehenden Zeitenknopf hatte, fühlte sich Canon nicht sonderlich in Zugzwang. Dies änderte sich 1957, als Nikon die Nikon SP unter anderem mit einem nicht mitdrehenden Zeitenknopf einführte. Nachdem Nikon ein direkter Konkurrent war, sah sich Canon gezwungen, dem eine eigene neue Kamera entgegenzusetzen. Und so entwickelten die Canon Ingenieure einen völlig neuen Verschluß mit Zeiten von 1/1000 s bis zu einer vollen Sekunde und B, die sämtlich mit einem einzigen, nicht mitdrehenden Knopf auf der Kamera-Oberseite eingestellt wurden. Elektronenblitze

Canon VL2. Mit freundlicher Genehmigung von Peter Dechert.

wurden über eine getrennte X-Stellung auf dem Knopf mit 1/60 s synchronisiert.

Gleichzeitig beschloß Canon, das Suchersystem zu verbessern. Beim bisherigen Sucher drehte sich ein Glasblock horizontal; beim neuen Sucher erfolgte diese Drehung vertikal. Dies machte eine Konstruktion möglich, die das Bildfeld eines Normalobjektivs 50 mm zum erstenmal in natürlicher Größe zeigte. Außerdem konnte so die Vergrößerung bei

35 mm erhöht werden. Zum erstenmal erschienen Bildbegrenzungen, eine für 50 mm, eine zweite für 100 mm.

Die erste Kamera mit diesen Neuerungen war die Canon VI-L, die Mitte 1958 eingeführt und bis Anfang 1961 gebaut wurde. Die Produktion belief sich auf über 10.000 Stück. Die Canon VI-L ist eine sehr modern aussehende Kamera mit einem Schnellschalthebel, offensichtlich der Ahnherr der später in den

SLR-Kameras der F-Reihe verwendeten. Die Filmmerkscheibe wanderte von der Kamera-Oberseite auf die Rückwand. Der Rückspulknopf wurde durch eine Kurbel ersetzt.

Seltsamerweise trägt die Canon VI-L selbst keinerlei Modellbezeichnung. Sie wurde sowohl in Chrom als auch in Schwarz angeboten. Wegen des nicht mitdrehenden Zeitenknopfes konnte ein Belichtungsmesser aufgesetzt werden, der direkt mit dem Zeitenknopf kuppelte und

Canon VI-L mit Canon Objektiv 1:1,2/50 mm. Mit freundlicher Genehmigung der Canon Camera Company, Inc., Tokio.

Canon VI-T

30

Canon P mit Objektiv 1:1,8 mit metrischen Skalen. Mit freundlicher Genehmigung von Peter Dechert.

Canon P mit Objektiv 1:1,8 mit metrischen Skalen. Mit freundlicher Genehmigung von Peter Dechert.

die Blende anzeigte, die dann aufs Objektiv übertagen wurde. Von diesem Belichtungsmesser gab es zwei Ausführungen. In der ersten mußte der Belichtungsmesser zur Filmrückspulung aus dem Zubehörschuh genommen werden, weil er die Rückspulkurbel verdeckte. Dies war unbequem, und so konstruierte ihn Canon um. Die zweite Version konnte im Zubehörschuh verbleiben und zur Freigabe der Rückspulkurbel zur Seite gedreht werden.

Offensichtlich konnte sich Canon weder eindeutig für den Daumen-, noch für den Bodenplatten-Transporthebel entscheiden. Denn zur selben Zeit, als die VI-L mit ihrem Daumenhebel eingeführt wurde, stellte Canon auch die VI-T mit einem Bodenplatten-Hebel vor. Warum man beide nicht in einer Kamera kombinierte, ist unverständlich, denn dann hätte sich der Fotograf ganz nach Neigung für das eine oder andere System entscheiden können. Wie dem auch sei, es wurden beide Typen hergestellt. Die VI-T war in jeder Hinsicht – mit Ausnahme des Filmtransports und eines Kassettenöffners in der Bodenplatte – identisch mit der VI-L.

Und nun kommen wir zu einer der interessantesten Canon Kameras, nämlich der Canon P oder »Populaire«, wie sie in einigen Märkten hieß. Die P wurde von 1958 bis 1961 in sehr großen Stückzahlen gebaut. Fast 88.000 P-Kameras stellte Canon her, womit diese Kamera stückzahlmäßig gleich hinter der Canon 7 rangiert. Die Canon P ist auch heute noch auf dem Gebrauchtmarkt vertreten und wahrscheinlich eine der besten älteren Kameras, die man kaufen kann. Sie hat einen vereinfachten Sucher ohne Vergrößerungswechsel, ist sonst jedoch mit der Canon IV-L identisch. Der Sucher hat eingespiegelte Bildbegrenzungen für 35 mm, 50 mm und 100 mm sowie Parallaxenausgleich. Nicht vorhanden ist hingegen der Kupplungsstift für externe Sucher, und Canon lieferte spezielle P-Sucher mit manuellem Parallaxenausgleich.

Im Laufe der Produktionszeit wurden kleinere Veränderungen an der Canon P vorgenommen. Hierzu zählen die Farbe der Filmmerkscheibe und Unterschiede im Chrom und dem schwarzen Lack. Auch andere kleinere Änderungen kamen hinzu, wie bei einer in so großen Stückzahlen gefertigten Kamera nicht anders zu erwarten.

Zwei Gedenkausgaben der Canon P gab es. Eine kleine Anzahl wurde 1962 mit einer Adlergravur in der Deckplatte anläßlich des 25. Jahrestages des Bestehens von Canon gebaut. Diese Kameras gingen an Canon Spitzenkräfte, wurden jedoch nicht zum Kauf angeboten. Eine weitere, kleine Stückzahl wurde mit Kirschen graviert und ging an die japanischen Selbstverteidigungskräfte. An einigen Canon P wurde im Werk der Objektivanschluß Canon 7 gegen den Anschluß Canon P ausgetauscht, so daß das Objektiv 1:0,95/50 mm angesetzt werden konnte. Auch eine kleine Anzahl von Canon P mit elektrischem Motorantrieb wurde gebaut. Soweit wir wissen, dienten diese nur zur Erprobung.

Die Canon P war ein großer Erfolg, wenngleich sie etwas im Schatten der Werbung für die Canonflex stand, die zu dieser Zeit eingeführt wurde. Und während die Canonflex nur noch in der Erinnerung und in Sammlungen lebt, bleibt die Canon P auch heute noch eine solide, robuste und einsatzfähige Kamera.

1961 führte Canon die Canon 7 ein, die zur erfolgreichsten Meßsucherkamera des Unternehmens werden sollte. Über 137.000 dieser Kameras wurden bis Ende 1964 hergestellt – eine für die damalige Zeit unglaublich hohe Stückzahl für eine Kamera.

Die Canon 7 war die erste Canon Meßsucherkamera mit eingebautem Belichtungsmesser und Innenkupplung zur Verschlußzeiteneinstellung. Mit ihrer großen Selenzelle an der Vorderseite wirkt die Kamera heute befremdlich. Die Selenzelle war so groß, daß man das E-Messerfenster in sie integrieren mußte. Die Meßnadel war hinter einem bogenförmigen Fenster auf der Oberseite untergebracht und zeigte direkt die Blende an, die dann aufs Objektiv übertragen wurde. Ein Knopf auf der Rückwand verriegelte die ASA/DIN-Skala, so daß die Filmempfindlichkeit durch

Drehen des Verschlußzeitenknopfes eingestellt werden konnte.

Außer dem Belichtungsmesser war es insbesondere der Meßsucher, der mit Neuigkeiten aufwartete. Zum erstenmal nämlich enthält er echte, eingespiegelte Bildbegrenzungen. Mit einer Einstellscheibe auf der Oberseite gestattete er die Wahl von 35 mm, 50 mm, 135 mm sowie 85 und 100 m, die gleichzeitig eingespiegelt wurden. Die Suchervergrößerung war bei 70% festgeschrieben – der Luxus einer veränderlichen Suchervergrößerung war Geschichte geworden. Zum Ausgleich und wegen der sehr geringen Schärfentiefe des Objektivs 1:0,95 wurde die Meßbasis auf etwa das Eineinhalbfache früherer Kameras vergrößert.

Auch der Objektivanschluß der Ca-

non 7 war anders. Er bestand einmal aus dem normalen Schraubgewinde für die damaligen Canon Objektive, hatte jedoch zusätzlich auf der Außenseite ein dreizüngiges Bajonett. Dieses sollte das massive Objektiv 1:0,95/50 mm und den Canon Spiegelkasten 2 aufnehmen, der die Kamera zu einer SLR machte. Die Canon Spiegelkästen ähnelten in Konstruktion und Funktion den Leitz Visoflex-Ansätzen und wurden eingeführt, um den Einsatz langbrennweitiger Objektive mit Reflexfokussierung zu gestatten. Der Canon Spiegelkasten 2 hatte dasselbe Bajonett an der Vorderseite wie die Canon SLR-Kameras.

Der Verschluß der Canon 7 besaß eine zusätzliche T-Einstellung. Er war im Prinzip identisch mit jenem der Canoflex-Modelle aus derselben

Canon 7, das erste Modell mit eingebautem Belichtungsmesser und dem neuen Dreizungen-Zusatzbajonett außerhalb des normalen Schraubgewindes zur Aufnahme des massiven Objektivs 1:0,95/50 mm. Mit freundlicher Genehmigung von Christie's, South Kensington, London.

Zeit, lediglich hatte er in der Canon 7 Metallvorhänge anstelle der Tuchvorhänge der Canonflex.

Die weiteren Unterschiede sind kleinerer Natur: eine große Rückspulkurbel in einem teilweise eingelassenen Knopf und etwas größere Gehäuseabmessungen. Das Modell 7 war die letzte sowohl in Schwarz als auch in Chrom angebotene Canon Meßsucherkamera. Sie war die bei weitem meistverkaufte Canon Meß-

Die Canon 7s,
ähnlich der 7, je-
doch mit einem
CdS-Belichtungs-
messer statt der
Selenzelle. Foto:
Joseph DeLora.

Canon 7sZ, die
letzte Canon
Meßsucherkame-
ra. Sie hatte eine
verbesserte Su-
cheroptik; der
einzige äußere
Unterschied zwi-
schen den beiden
Modellen jedoch
war der kleine
Schraubdeckel
über dem zweiten
»n« im Namens-
zug »Canon« der
7sZ, der die Öff-
nung zur E-Mes-
serjustierung ver-
schloß. In der 7s
befand sich die
entsprechende
Öffnung rechts
vom Verschluß-
zeitenknopf. Fo-
to: Joseph
DeLora.

sucherkamera, der nur die Leica als Konkurrent blieb. (Nikon gab Meßsucherkameras relativ früh auf, nachdem die Nikon F Reflexkamera eingeführt wurde.) Die Canon 7 war weitaus besser ausgestattet als zeitgenössische Leicas und zudem preisgünstiger. Darüber hinaus sagt man, die Canon Objektive seien besser gewesen.

Im Jahre 1965 ersetzte Canon die 7 durch die Canon 7s. Das neue Modell besaß dasselbe Gehäuse, denselben Sucher, Verschluß usw. wie die 7, war jedoch statt der großen Selenzelle mit einem CdS-Belichtungsmesser ausgerüstet. Damit wurde an der Kameravorderseite nur noch ein kleines Meßfenster mit einer Sammellinse benötigt. Gleichzeitig wurde die Deckplatte umgestaltet und der Zubehörschuh wieder angebracht, der in der Canon 7 fehlte.

Der Belichtungsmesser war hochmodern. Mit der drehbaren Fassung ließen sich Skalen für hohe bzw. niedrige Empfindlichkeit einstellen. Der Meßwinkel war enger als bei der Selenzelle der Canon 7, und die Empfindlichkeit bei schwachem Licht war wesentlich höher. Als Spannungsquelle diente eine Knopfzelle 1,5 V, die in der Bodenplatte der Kamera untergebracht war.

Als die Canon 7s eingeführt wurde, hatte die Reflexkamera bereits ihren Siegeszug angetreten. Und so wurde die 7s trotz günstiger Voraussetzungen alles andere als ein Verkaufsschlager. Peter Dechert schätzt, daß nur etwa 16.000 Exemplare hergestellt wurden, und nur selten trifft man heute auf eines davon, insbesondere im Vergleich zur P und 7.

Gegen 1967 waren die Zeichen der Zeit nicht mehr zu übersehen, doch Canon wollte die Produktion von Meßsucherkameras nicht aufgeben. So stellte man 1967 die Canon 7sZ vor, die zur letzten Canon Meßsucherkamera werden sollte. Sie wurde bis Ende 1968 in begrenzten Stückzahlen gebaut. Auch hier handelt es sich wiederum nicht um eine Canon Typenbezeichnung, sondern lediglich um eine von Sammlern verwendete. Canon selbst machte keinen Unterschied zwischen dieser Kamera und ihrer Vorgängerin.

Die einzige Veränderung fand sich im Sucher, der besser an die durchschnittliche Sehkraft normaler Fotografen angepaßt wurde. Frühere Kameras waren dagegen mehr auf kurzsichtige Fotografen abgestimmt. Äußerlich erkennt man die Kamera an einem kleinen Schraubdeckel, der die Öffnung zur Justierung des E-Messers verschließt und sich über dem zweiten »n« im Namenszug »Canon« befindet. Im Vorgängermodell befand er sich rechts vom Verschlußzeitenknopf. Schließlich ist noch der Rückspulknopf mit Kurbel bei den meisten Canon 7sZ größer und paßt nicht voll in die Vertiefung der Deckplatte. Offensichtlich wollte Canon zwei verschiedene Rückspulknöpfe vermeiden und verwendete jenen der parallel gefertigten Reflexkameras.

Als die 7sZ nach einer Produktion von nur etwa 4.000 Stück 1967 eingestellt wurde, ging ein langer und wichtiger Abschnitt in der Geschichte Canons zu Ende. Länger als jeder anderer japanische Hersteller hatte Canon der Meßsucherkamera die Treue gehalten. Fortan sollte nur die Leica noch diese Tradition aufrechterhalten.

Schließlich noch ein Tip für Leute, die nicht am Kauf einer Canon Meßsucherkamera als Sammlerobjekt interessiert sind, sondern um mit ihr zu fotografieren. Ein guter Kauf wäre sicher eine Canon P oder eine der 7s, wobei die verfügbaren Mittel den Ausschlag geben. Eine wirklich gute 7s kostet wesentlich mehr als eine gleichgute P, die lediglich einen zusätzlichen Belichtungsmesser mitbringt. Viele Fotografen ziehen sowieso einen Handbelichtungsmesser vor, und für diese kann eine Canon P die optimale Lösung sein. Mit Sicherheit ist sie weitaus billiger als eine Leica und möglicherweise auch leichter zu bedienen.

Die Canon SLR-Kameras

Frühe Canon Reflexkameras

Ende 1950 hatten Canon und die meisten anderen japanischen Hersteller die Zeichen der Zeit erkannt und eingesehen, daß der einäugigen Spiegelreflexkamera die Zukunft gehören würde. Der große Erfolg der Exakta, die 1936 eingeführt und in einer Reihe von Generationen immer wieder verbessert wurde, hatte der Branche die Augen geöffnet. Die meisten Bildjournalisten hatten die Vorteile der SLR erkannt, und die Fotozeitschriften waren voll von Artikeln, in denen die Vorteile des Reflexprinzips über den grünen Klee gelobt wurden. Die 1948 auf dem Markt erschienene Contax S, schließlich, brachte das aufrechtstehende, seitenrichtige Sucherbild, das durch Verwendung eines Dachkantprismas möglich wurde. Sehr schnell wurde es auch für die Exakta angeboten.

Die Canonflex mit Super-Canomatic Objektiv 1:1,8/50 mm. Mit freundlicher Genehmigung von Jack Naylor.

In allen diesen frühen SLR-Kameras wurde der Schwingspiegel zur Belichtung durch Federkraft hochgeklappt und verblieb dort, bis der Verschluß neu gespannt wurde. Dies machte die Verfolgung bewegter Objekte schwierig, so daß einige Konstrukteure zu einem System übergingen, bei dem der Druck auf den Auslöser den Spiegel hochklappte und ihn anschließend wieder herunterklappen ließ. Das Problem hierbei war – zumindest in der Praktiflex und der Alpa –, daß der Spiegel nur langsam hochklappte und der Druck auf den Auslöser so lange aufrechterhalten werden mußte, bis sich auch bei längeren Zeiten der Verschluß wieder geschlossen hatte. Beides führte zu Bedienungsfehlern und Fehlbelichtungen. Zwar bot die kaum bekannte ungarische Gamma Duflex bereits 1947 einen Rückschwingspiegel (und eine Springblende!), doch erst 1954 fand diese Konstruktion in der Asahiflex IIB den Weg in eine der Allgemeinheit zugängliche Serienkamera. Leider hatte die Asahiflex IIB noch kein Dachkantprisma, sondern nur einen altmodischen Lichtschachtsucher, so daß sie niemanden vom Stuhle riß. Es war die erste Asahi Pentax (als Verbindung von Pentaprisma und Contax), die den Rückschwingspiegel 1955 mit einem Dachkantprisma kombinierte.

Als ältester japanischer Hersteller hochwertiger Kleinbildkameras war es für Canon nur natürlich, sich auch auf die Fertigung hochwertiger Spiegelreflexkameras einzustellen. Nach

umfangreichen Entwicklungsarbeiten und mehreren Prototypen erschien schließlich Anfang 1959 die Canonflex auf dem Weltmarkt, etwa gleichzeitig mit der Nikon F. Diese beiden Neulinge mußten sich gegen eine ganze Reihe bereits eingeführter Schwergewichte durchsetzen, darunter die westdeutsche Zeiss-Ikon Contaflex, Kodak Retina Reflex, Voigtländer Bessamatic, Wirgin Edixa, die ostdeutsche Exakta, Praktina und Praktica, die schweizerische Alpa und die japanische Topcon, Pentax, Petri Penta, Ricohflex und Miranda.

Heute wissen wir, daß die Nikon F zum durchschlagenden Erfolg wurde, die Canonflex jedoch nicht. Wenn wir beide Kameras nebeneinander sehen, ist der Grund hierfür allerdings schwer einzusehen. Beide sind sie sehr robust und hervorragend verarbeitet. Beide bieten sie Wechselsucher. Beide haben Springblenden in den entsprechenden Objektiven. Beide sind mit einem Schnellschalthebel ausgerüstet, bei der Nikon oben, bei der Canon unten. Bei beiden reichen die Verschlußzeiten von 1 s bis 1/1000 s und werden an einem einzigen Knopf auf der Oberseite eingestellt. Beide hatten einen Aufsteck-Belichtungsmesser, der mit dem Verschlußzeitenknopf kuppelte und direkte Blendenanzeige bot. Und in beiden Fällen genossen die Objektive hohes Ansehen – bei den längeren Brennweiten waren sie sogar identisch.

Im Gegensatz zur Nikon besaß die Canonflex eine angelenkte Rückwand für leichteres Filmeinlegen. Das spezielle Canon Bajonett (eine Ableitung des Objektivanschlusses früherer Röntgenkameras von Seiki und Canon) bot mechanische Vorteile gegenüber dem einfachen Bajonett von Nikon.

Die Vorteile der Canonflex in Verbindung mit ihrem etwas niedrigeren Preis hätten sie eindeutig an die Spitze setzen müssen. Doch was geschah? Zumindest in den USA liegt

die Antwort in einer etwas halbherzigen Werbung, wie sie der damalige Importeur – Scopus-Brockway – betrieb, der offensichtlich mehr Interesse daran hatte, seine Belichtungsmesser zu verkaufen, und nur wenige Kamera-Anzeigen schaltete. Und dies in direkter Konkurrenz zu einem der dynamischsten Importeure, die Amerika je gesehen hatte, Joe Ehrenreich. Dieser hatte schon früh erkannt, daß sich japanische Qualitätskameras an amerikanische Profis verkaufen ließen. In einer großangelegten Werbekampagne machte er den Namen Nikon zum Begriff und Nikon Kameras zur Wahl des Profis. Jene Berufsfotografen, die bereits mit Meßsucherkameras wie der Nikon S arbeiteten, blieben ihrer Marke bei der Umstellung auf Reflexkameras treu, und Ehrenreich forcierte die Nikon F vom ersten Tag an auf der ganzen Front.

Leider kam Canon mit der Canonflex etwa zu jener Zeit heraus, als sich Scopus in Schwierigkeiten befand und nicht mehr die Mittel hatte, entsprechend für die Kamera zu werben. Bis die Vertretung an Bell & Howell ging, die über die erforderlichen Mittel verfügten (und dies war Anfang 1962), war die Schlacht bereits verloren. Und so kommt es, daß sich heute in jedem größeren Fotogeschäft gebrauchte Nikon F finden, während die Canonflex eine obskure Seltenheit bleibt. Womit erwiesen wäre, daß ein gutes Produkt noch keine Gewähr für einen Verkaufserfolg bietet.

Die Canonflex war relativ schwer, lag jedoch gut in der Hand. Der unten angebrachte Transporthebel ist ein wenig gewöhnungsbedürftig, insbesondere wenn man an den heute üblichen Daumenhebel gewöhnt ist. Canon übernahm diese Konstruktion von den Meßsucherkameras, verbesserte sie jedoch, so daß aus der geradlinigen eine Hebelbewegung wurde und der Hebel eingeklappt werden konnte.

In dem knappen Produktionsjahr von Anfang 1959 bis Anfang 1960

Obwohl die Canonflex der Nikon F durchaus das Wasser reichen konnte, verschenkte der damalige Canon Importeur in den USA durch seine halbherzige Werbung den Markt an Nikon. So wurde die Nikon F zur Legende, während die Canonflex in Vergessenheit geriet.

wurden etwa 16.000 Canonflex gebaut. Manche Leute bezeichnen diese Kamera heute als »Canonflex R« zur Unterscheidung von späteren Modellen, doch ist diese Namensgebung völlig willkürlich.

Das Gesamtkonzept der Canonflex (mit Ausnahme des unten angebrachten Transporthebels) blieb für alle Kameras gültig, die von 1959 an bis zur Einführung elektronisch gesteuerter Kameras in den achtziger Jahren gebaut wurden. Der ungewöhnlich große Verschlußzeitenknopf befindet sich auf der Oberseite im direkten Griffbereich von Daumen und Zeigefinger der rechten Hand. Der Aufsteck-Belichtungsmesser wird in einer Halterung an der Kamera-Vorderseite befestigt und verfügt über einen eigenen Verschlußzeitenknopf, der über ein Zwischengetriebe mit dem Verschlußzeitenknopf der Kamera kuppelt. Zur einwandfreien Kupplung müssen beide Knöpfe vor dem Ansetzen auf derselben Verschlußzeit stehen. Als Zeiten stehen 1 s bis 1/1000 s in vollen Stufen zur Verfügung. Ferner verfügbar ist eine X-Einstellung für Elektronenblitz-Synchronisation bei 1/60 s sowie eine mit »B-T« bezeichnete Einstellung. Sowohl B als auch T ergeben sich, weil der Auslöser in gedrückter Stellung für T-Betrieb durch Drehen eines konzentrisch angeordneten Hebels arretiert werden kann.

Das Dachkantprisma kann bei Druck auf eine Entriegelung nach hinten abgezogen werden. Es läuft praktisch in denselben Schienen, die sich an der viel später gebauten Canon F-1 finden. Der Prismensucher ist gegen einen starren Lichtschachtsucher mit Dioptrieneinstellung auswechselbar. Einen Lichtschachtsucher mit Klappdeckel gab es nicht. Die Einstellscheibe ist relativ hell für die damalige Zeit und enthält eine feinmattierte Fläche mit zentralem Schnittbildindikator.

Weitere äußerliche Merkmale der Canonflex sind der Rückspulknopf mit seiner konzentrischen Filmmerkscheibe, der Freilaufknopf in der Bodenplatte, der große Knebel links in der Bodenplatte zum Öffnen der Rückwand (der gleichzeitig zur Öffnung der in allen Canonflex-Kameras verwendbaren Leica-Kassetten diente) und der Knopf an der Vorderseite, der zum Aufziehen des Selbstauslösers bestimmt war.

Nachdem das erste Modell der Canonflex 1960 ausgelaufen war, nahm Canon kleinere Änderungen vor und führte zwei neue Kameras ein, die Canonflex RP und die Canonflex R 2000. Von der RP wurden zwischen 1960 und 1962 etwa 32.000 Stück gebaut. Auch die Canonflex R2000 wurde zu dieser Zeit hergestellt, die Produktion belief sich jedoch nur auf knapp 9.000 Exemplare.

Die Canonflex RP ist im wesentlichen mit der ersten Canonflex identisch, lediglich ist der verchromte Prismensucher nicht auswechselbar. Nur wenige RP wurden in Schwarz geliefert; bei diesen ist die gesamte Deckplatte schwarz. Weitere Unterschiede sind ein viel praktischerer Selbstauslöserhebel statt des früheren Knopfes, das Fehlen einer T-Arretierung am Auslöser (und somit eines T auf dem Verschlußzeitenknopf) und ein abnehmbares Sucherokular, so daß Korrektionslinsen eingesetzt werden konnten. Die RP war als etwas preisgünstigere Alternative zur Canonflex und Canonflex

Canonflex RP. Mit freundlicher Genehmigung der Canon Camera Company, Inc., Tokio.

R 2000 für jene gedacht, die keine Wechselsucher brauchten.

Die Canonflex R 2000 war im wesentlichen mit der ersten Canonflex identisch, hatte jedoch 1/2000 s. Sie war die erste Kleinbild-SLR mit einer so kurzen Verschlußzeit.

Äußerlich ergab sich der wichtigste Unterschied beim Verschlußzeitenknopf, der keine X-Stellung mehr aufwies, um Platz für die 1/2000 s zu schaffen. Elektronenblitze wurden nunmehr mit 1/60 s synchronisiert, und diese Stellung trug die Bezeichnung »60-X«. Außer der Typenbezeichnung R 2000 auf der Stirnseite der Kamera, direkt unter dem Verschlußzeitenknopf, ist die Kamera völlig mit der Original-Canonflex identisch. Ein bis 1/2000 s reichender Belichtungsmesser wurde speziell für diese Kamera gebaut.

Anfang 1962 begann die Produktion des letzten Canonflex-Modells,

der Canonflex RM. Oberflächlich sieht die RM ganz anders aus als frühere Canonflex-Modelle, doch dies liegt primär an der Neugestaltung der Deckplatte, wie sie durch den eingebauten Selen-Belichtungsmesser nötig wurde. Die große Meßzelle ist leicht vorgebaut und sitzt vor dem Auslöser und dem Verschlußzeitenknopf. Im Verschlußzeitenknopf befindet sich ein kleines Fenster zur Empfindlichkeitseinstellung in ASA neben der B-Stellung und diesem gegenüber ein ähnliches Fenster für DIN. Der Belichtungsmesser zeigt direkt Blenden an, die auf das Objektiv übertragen werden müssen.

Die RM war auch die erste Canon Kamera, die den Transporthebel nicht mehr in der Bodenplatte hatte. Statt dessen befindet sich ein Schnellschalthebel mit Kunststoffkappe unter der Deckplatte, wobei

nur das Ende des Hebels aus einem Schlitz herausragt. Diese Konstruktion ähnelte jener der Voigtländer Ultramatic und der Regula Reflex. Die Lösung ist nicht sehr günstig, denn so können Staub und Fremdkörper ins Kamera-Innere gelangen. Dies ist wahrscheinlich der Grund, warum Canon diese Konstruktion an keiner weiteren SLR-Kamera verwendete.

Die Canonflex RM war auch die erste Canon SLR mit rechteckigem Okular und seitlichen Nuten zur Anbringung von Sucherzubehör, eine Konstruktion, die bis zur Einführung der EOS-Kameras beibehalten wurde. Ende 1961 hatte Canon Bell & Howell mit dem Vertrieb sämtlicher Canon Erzeugnisse in den USA beauftragt. Dies wurde zur Wende im SLR-Geschäft Canons, denn Bell & Howell war ein großes und sehr erfahrenes Unternehmen mit ausreichenden Mitteln zur angemessenen

Canonflex R 2000 mit Super-Canomatic 1:2,5/35 mm – die erste SLR-Kamera mit der kürzesten Verschlußzeit 1/2000 s.

Canonflex RM, die letzte Canonflex und erste Canon Kamera ohne Transporthebel in der Bodenplatte, statt dessen mit einem unter der Deckplatte integrierten Schnellschalthebel, von dem nur das Ende hervorschaute. Mit freundlicher Genehmigung der Canon Camera Company, Inc., Tokio.

Vermarktung der Kameras. Viele der in den USA verkauften Canonflex RM trugen den Namen Bell & Howell, und möglicherweise hat Bell & Howell auch bei der Konstruktion der Kameras mitgewirkt. Dem Erfolg von Bell & Howell war es zuzuschreiben, daß die Canonflex RM bis Anfang 1964 produziert wurde und in der Stückzahl alle früheren Canonflex-Modelle übertraf. Über 71.000 Canonflex RM wurden hergestellt.

Selbst die Canonflex RM wurde jedoch nicht in Stückzahlen verkauft, die umfangreiche Forschungs- und Entwicklungsarbeiten finanziert hätten, und Canon war offensichtlich enttäuscht, daß seine Kameras nicht bei den Berufsfotografen ankamen. Die Canonflex RM war im Grunde als Amateurkamera konstruiert, und ihr begrenztes Objektivprogramm ließ sie dieser Rolle nicht entrinnen. Der ausbleibende Erfolg konnte Canon jedoch nicht entmutigen. Man erhielt den Anstoß, zu diversifizieren und neue SLR-Konstruktionen zu prüfen.

Anfang der sechziger Jahre kam es zu einer interessanten Zusammenarbeit zwischen Canon und Mamiya. Mamiya Kameras wurden da-

mals vom Handelsriesen Osawa vertrieben. Der Vertrieb der Canon Kameras lag in den Händen von sieben verschiedenen Handelshäusern, darunter auch J. Osawa & Co. Zudem besaß Canon damals einen Minoritätsanteil an Mamiya, so daß eine Zusammenarbeit zwischen den beiden Firmen nur natürlich erschien. Das erste Produkt dieser Zusammenarbeit war die Mamiya Prismat aus dem Jahre 1961. Die Kamera wurde komplett von Mamiya konstruiert und gebaut. Nachdem Mamiya jedoch zu dieser Zeit noch keinen Namen für hochwertige Kleinbildoptik hatte, lieferte Canon ein Objektiv 1:1,9/50 mm dazu, das sich von den Canomatic und R-Objektiven durch die Gravur »Canon Lens OM« (wahrscheinlich »Original Manufacture«) unterschied. Man glaubte, daß das Prestige eines wahlweise verfügbaren Canon Objektivs das Ansehen der Kamera verbessern und ihren Absatz fördern würde. Dieses Objektiv hatte ein eigenartiges Exakta-Bajonett mit einer Art »umgekehrter Exakta-Kupplung«, bei der ein aus der Kamera vorstehender Stift über einen Hebel am Objektiv die Blende für die Dauer der Belich-

tung auf Arbeitsöffnung schloß. Mamiya selbst fertigte Objektive 35, 50 und 135 mm für die Kamera. Als Kuriosum sei erwähnt, daß Mamiya dieselben drei Objektive auch mit Nikon F-Bajonett für die Nikkorex F baute!

Die Zusammenarbeit mit Mamiya brachte eine weitere eigenwillige Kamera hervor, die Mamiya Family, die 1962 eingeführt wurde. Sie war mit einem Zentralverschluß mit Zeiten von 1/8 s bis 1/250 s sowie einem eingebauten, jedoch nicht gekuppelten Selen-Belichtungsmesser ausgerüstet. Das Objektiv war ein 1:2,8/48 mm. Sie war die erste Zentralverschluß-SLR mit Rückschwingspiegel und sofortiger Öffnung des Verschlusses nach der Belichtung, einer Konstruktion, die in späteren Jahren ausgiebig von Kowa verwendet wurde. Erwähnt wird diese Kamera hier, weil sie zur Entwicklung der Canonex führte, der ersten (und letzten) Canon SLR-Kamera mit Zentralverschluß.

Die 1963 eingeführte Canonex war – mit Ausnahme kleinerer kosmetischer Unterschiede – äußerlich praktisch identisch mit der Mamiya Auto-Lux 35. Im Innern sollen sich beide Kameras jedoch in einigen wichtigen Punkten unterschieden haben. Offensichtlich wurde nur eine kleine Stückzahl von Canonex-Kameras (weniger als 20.000) gebaut, bevor die Produktion nach weniger als sechs Monaten eingestellt wurde.

Dies war die erste Canon Kamera mit Zeitautomatik. Leider verurteilte sie die mechanische Komplexität des Zentralverschlusses und des Rückschwingspiegels zum Scheitern. Nur selten funktionierte sie in der Praxis, und die meisten Kameras dieses Typs wurden wahrscheinlich von unzufriedenen Benutzern einfach weggeworfen. Nur wenige Exemplare verließen Japan. Damit ist diese Kamera heute sehr selten und ein begehrtes Sammlerobjekt.

Bisher war man sich nicht recht einig, wer diese Kamera tatsächlich konstruierte und baute. Die Recherchen für dieses Buch haben jedoch mit Sicherheit ergeben, daß die Canonex eine Gemeinschaftskonstruktion von Canon und Mamiya war und von Mamiya gebaut wurde. Keine der beiden Firmen ist besonders daran interessiert, diese Kamera in ihrem Produkt-Stammbaum zu sehen. So fehlt sie zum Beispiel in einer kürzlich von Canon veröffentlichen Übersicht. In Fairness muß jedoch gesagt werden, daß die Schwierigkeiten mit dieser Kamera weder Mamiya noch Canon anzulasten sind, weil das einzige problematische Bauteil – der Verschluß – von Copal konstruiert und gebaut wurde.

Die Kameras mit FL-Bajonett

Nach dem Beginn der Zusammenarbeit zwischen Bell & Howell und Canon machten beide Firmen eine Analyse des Marktes und der zum Verkauf größerer Stückzahlen erforderlichen Produkte. Bell & Howell war nicht an ausgefallenen Kameras interessiert, die sich nur in geringer Anzahl verkaufen ließen, und machte dies Canon klar. Gleichzeitig machte man Canon Vorschläge dazu, was sich wohl in den USA verkaufen lassen würde. Anfang 1964 lief die Canonflex aus, und fast unmittelbar darauf begann die Produktion der Canon FX, der ersten einer langen Reihe von Kameras mit FL- und FD-Bajonett.

Es ist wichtig, die Unterschiede zwischen diesen Objektivanschlüssen zu verstehen. Im Gegensatz zur landläufigen Meinung paßt jedes Canonflex-, Canomatic- oder R-Objektiv an jede Canon Kamera mit FL- bzw. FD-Bajonett. Umgekehrt paßt jedes FL-Objektiv an jede Canonflex. Sie sind bis unendlich fokussierbar. Nachdem sich jedoch die Blendenkupplung völlig unterscheidet, ist kein Springblendenbetrieb möglich. Die Canomatic- und R-Objektive haben an der Rückseite zwei Stifte,

Mamiya Prismat mit Canon OM 1:1,9/50 mm. Mit freundlicher Genehmigung der Mamiya Camera Company.

Oben:
Die Mamiya Family mit Zentralverschluß, eine Kuriosität aus der Zusammenarbeit zwischen Mamiya und Canon, die zur Canonex führte. Mit freundlicher Genehmigung der Mamiya Camera Company.

Links:
Die Canonex, Canons erste (und letzte) Zentralverschluß-SLR, im Vergleich mit ihrer Verwandten, der Mamiya Auto-Lux 35. Mit freundlicher Genehmigung der Canon Camera Company, Inc., Tokio (Canonex) bzw. der Mamiya Camera Company (Auto-Lux 35).

von denen einer das Objektiv spannt, der andere die Blendenschließung bewirkt. Diese sehr komplizierte Konstruktion wurde an den FL-Objektiven durch einen einzigen Stift ersetzt, der seitlich in einem Schlitz läuft und das Objektiv ab- und nach der Belichtung wieder aufblendet. Dieses System war mechanisch wesentlich einfacher, widerstandsfähiger und zuverlässiger als das ältere, kannte jedoch noch keinen Blendensimulator, wie er für Offenblendenmessung erforderlich ist. Somit ist bei allen FL-Kameras mit Innenmessung zur Belichtungsmessung die Abblendung auf Arbeitsblende erforderlich. Später führte die Hinzunahme eines solchen Blendensimulators zu den FD-Objektiven. Jedes FD-Objektiv ist an jeder Canonflex oder Kamera mit FL-Bajonett verwendbar, und jedes FL-Objektiv an jeder Canonflex oder FD-Kamera.

Es überrascht, daß Canon den FL-Objektiven keinen Blendensimulator mitgab, obwohl Nikon, Topcon und Zeiss Ikon an der Contarex (die ihrer

Canon FX

Zeit voraus war, denn sie hatte die Blendensteuerung bereits am Kameragehäuse anstatt am Objektiv) dies bereits seit einiger Zeit taten. Vielleicht glaubte man, daß es den Fotografen nichts ausmachen würde, die Blende vom Belichtungsmesser auf der Kamera auf den Blendenring des Objektivs zu übertragen. Auch mag es überraschen, daß die FX nicht mit Innenmessung ausgestattet wurde, obwohl diese damals bereits durchaus eingeführt war. Ohne Belichtungsmesser wurde die gleiche Kamera übrigens als Canon FP verkauft.

Die Canon FX legte den Grundstein für die Konstruktion vieler folgender Modelle, einschließlich der professionellen F-1. Als erste Canon SLR bot sie Spiegelvorauslösung, die leider vielen modernen Kameras fehlt. Auch hatte sie Verschlußzeiten von 1 s bis 1/1000 s und X sowie B. Weil die FL-Objektive eine Abblendvorrichtung besitzen, wie dies auch bei den Canonflex-Objektiven der Fall war, findet sich am FX-Gehäuse keine Abblendvorrichtung zur Schär-

fentiefenkontrolle. Der neue Schnellschalthebel wurde an einer mehr »traditionellen« Stelle auf der Oberseite angebracht und zeichnete sich durch große Leichtigkeit aus. Auf dem Prismengehäuse befand sich ein Zubehörschuh, was wir heute als selbstverständlich empfinden. Wenn gleich die Kamera noch immer mit einem Knebel in der Bodenplatte geöffnet wurde, ließen sich Leica-Kassetten nicht mehr verwenden, weil es keine Vorrichtung mehr gab, diese zu öffnen.

Die Canon Pellix sollte eine technische Sensation werden. Sie baute auf dem Gehäuse der FX/FP auf, wies jedoch im Innenleben beträchtliche Unterschiede auf. So war sie mit dem ersten Canon Innenmeßsystem ausgerüstet, bei dem eine CdS-Zelle aus dem Boden des Spiegelkastens hochgeschwenkt wurde und ihren Platz direkt vor dem Verschluß einnahm. Doch zur Belichtungsmessung mußte das Objektiv durch Druck auf den Selbstauslöserhebel in Richtung auf das Objektiv abgeblen-

det werden. Die Verschlußvorhänge waren aus Titanfolie, die Canon schon geraume Zeit in seinen Meßsucherkameras verwendet hatte, um Brennlöcher zu vermeiden. Die Verwendung dieses Materials in einer SLR, deren Schwingspiegel den Verschluß normalerweise vor derlei Unbilden schützt, hatte seinen guten Grund: Der Name Pellix leitet sich nämlich von einer speziellen Spiegelform ab, vom Pellicle- oder Häutchenspiegel. Dabei handelt es sich um eine hauchdünne, feststehende Folie, die so teilverspiegelt ist, daß sie einen geringen Teil des Lichts in den Sucherstrahlengang ausspiegelt, den Rest jedoch geradlinig durchläßt. Damit gelang es Canon, die erste einäugige Reflexkamera zu verwirklichen, deren Spiegel zur Belichtung nicht aus dem Weg geklappt werden mußte. Nachdem sich auch die Meßzelle hinter dem Spiegel befand, maß sie nur das letztlich in der Filmebene ankommende Licht, so daß keinerlei zusätzliche Korrektur erforderlich war.

Um das System unter allen Bedingungen einsatzfähig zu machen, war die Pellix mit dem ersten Okularverschluß in einer SLR-Kamera ausgerüstet. Dieser schloß das Okular so von innen ab, daß kein Streulicht von hinten einfallen und die Aufnahme verschleiern konnte, wenn sich das Auge des Fotografen nicht am Okular befand. Betätigt wurde der Okularverschluß mit einem um den Rückspulknopf angebrachten Ring.

Die Produktion der Pellix wurde Ende 1965 aufgenommen und ein Jahr lang aufrechterhalten. Danach erschien ein zweites Modell, die Pellix-QL.

Zum Verhängnis wurde der Pellix ihr größter Trumpf, der Pellicle-Spiegel. Er war so dünn und empfindlich, daß schon die geringste Berührung genügte, um ihn zu beschädigen. Es war praktisch unmöglich, Fingerabdrücke oder Verschmutzungen zu beseitigen, ohne den Pellicle-Spiegel zu zerstören.

Trotz nachdrücklicher Warnungen in der Bedienungsanleitung versuchten die Benutzer immer wieder, den Spiegel zu säubern – und ruinierten ihn. Ein Reparaturtechniker beim amerikanischen Canon Service soll sich eine ganze Wand an seinem Arbeitsplatz mit beschädigten Pellicle-Spiegeln tapeziert haben. Hinzu kam, daß der Pellicle-Spiegel nur etwa 1/3 des Lichts in den Sucher ausspiegelte, so daß sich ein relativ dunkles Sucherbild ergab, in dem bei schwachen Licht schwer zu fokussieren waren.

Überraschenderweise war die Pellix trotz ihres feststehenden Spiegels nicht leiser als die FX. Offensichtlich trug der Spiegelschlag nur wenig zum Betriebsgeräusch dieser Kameras bei. Viele Fotografen entwickelten eine Haßliebe für die Pellix. Sie war phantastisch für Aufnahmen bei gutem Licht und hervorragend für Blitzaufnahmen, denn die durch den hochklappenden Spiegel verursachte

Dunkelpause normaler SLR-Kameras entfiel. Die Pellix konnte sich nicht durchsetzen, das Prinzip des Pellicle-Spiegels jedoch erlebte seine Wiederauferstehung in den neueren und besseren Strahlenteilern, wie sie in der F-1 Schnellschußkamera und der EOS RT verwendet werden. In beiden Fällen wurde der empfindliche Pellicle-Spiegel durch teilverspiegelte Glasspiegel mit vernünftiger Stabilität ersetzt.

Seite 45 oben:
Canon Pellix, die erste Canon SLR mit feststehendem Pellicle-Spiegel und ohne Dunkelpause, ein Konstruktionsprinzip, das viele Jahre später in der EOS RT wiederauflebte. Sie war auch die erste Canon mit Innenmessung. Mit freundlicher Genehmigung der Canon Camera Company, Inc., Tokio.

Canon FP mit Canon Objektiv 1:1,8/50 mm. Mit freundlicher Genehmigung der Canon Camera Company, Inc., Tokio.

Canon Pellix-QL mit Canon Objektiv 1:1,4/50 mm und dem neuen Canon Schnelladesystem. Mit freundlicher Genehmigung der Canon Camera Company, Inc., Tokio.

Canon FT-QL, ein Meilenstein in Canons Kamerafertigung. Sie wies den Weg in die Zukunft der Canon Profi- und Amateurkameras. Mit freundlicher Genehmigung von KEH Camera Brokers.

Die zweite Canon Pellix, die Pellix-QL, wurde 1966 eingeführt und bis 1970 gebaut. Sie war praktisch identisch mit der Original-Pellix, besaß lediglich das neue Canon Schnelladesystem QL (Quick Load). Bei diesem brauchte nur die Filmpatrone eingelegt, der Filmanfang bis zu einer roten Startmarke herausgezogen und die Rückwand geschlossen zu werden. Durch Betätigung des Schnellschalthebels wurde der Film dann in die Aufwickelkammer befördert, wo ihn eine Reihe angefederter, mit Gummi belegter »Finger« griffen und fest um die Aufwickelspule wickelten. Nachdem heute praktisch alle Kameras die Filmeinfädelung selbsttätig übernehmen, vergessen wir oft, wie schwierig das Filmeinlegen in manchen der älteren Kameras eigentlich war. Das QL-System wirkte ein wenig kompliziert, und die Konkurrenz behauptete

gern, daß es nicht funktionierte und sich die »Finger« abnützen würden, doch in Wirklichkeit bewährte es sich recht gut. Leider war es etwas schwierig in der Fertigung und Montage und wurde auch von den Profis jener Tage nicht angenommen, so daß es mit der letzten Canon SLR der F-Reihe verschwand. Wir mußten bis auf die T- und EOS-Kameras warten, um wieder ein Schnelladesystem in Canon Kameras zu finden.

Der einzige andere Unterschied an der zweiten Pellix war – außer den Buchstaben QL auf einem Plättchen an der Vorderseite, in Höhe des Auslösers – ein kleiner Klemmhebel, der konzentrisch zum Selbstauslöser-/Abblendhebel angebracht war und mit dem der nach innen gedrückte Abblendhebel in dieser Stellung arretiert werden konnte. Manche Fotografen fanden dies praktisch zur Prüfung der Schärfen-

tiefe bzw. zur Belichtungsmessung.

Während der Laufzeit der Pellix-QL nahm Canon die Produktion der FT-QL auf, die zu einem Meilenstein werden sollte. Diese bemerkenswerte Kamera wies den Weg für viele kommende Innovationen Canons in Amateurkameras sowie in den keimenden Profi-Systemen. Die FT-QL war sehr erfolgreich und wurde von 1966 bis 1972 gebaut. Auf den ersten Blick sah sie wie eine Pellix QL aus, doch sie enthielt ein weiterentwickeltes Innenmeßsystem. Nachdem sie auf einem herkömmlichen Schwingspiegel basierte, ließ sich die ausklappbare Meßzelle der Pellix hinter dem Spiegel nicht verwenden. Statt dessen setzte Canon ein sehr interessantes Meßsystem ein, das später den Weg in Canon Profikameras fand und auch in der Rollei SL 2000 und SL 3000 verwendet wurde. Bei diesen Kameras ist die

Kondensorlinse über der Einstell-scheibe in der Mitte im Winkel von 45° geteilt und eine dieser Flächen teilverspiegelt. Damit ergibt sich ein Rechteck in der Mitte der Kondensorlinse, das zum Strahlenteiler wird und den Hauptteil des Lichts nach oben in das Dachkantprisma und zum Okular ablenkt, ein geringen Anteil jedoch im Winkel von 90° auf eine CdS-Zelle an einer Seite der Einstellscheibe wirft. Dies gestattet sehr genaue Belichtungsmessung über das teilverspiegelte Meßfeld. Dieses erscheint im Sucher leicht dunkler und läßt sich deshalb leicht auf einem gewünschten Detail plazieren. Weil Canon die FL-Objektive jedoch noch nicht mit einem Blendensimulator ausgestattet hatte, mußte sich die FT mit Arbeitsblendenmessung begnügen. Diese ist

recht genau und wurde an einigen Kameras bis in die neunziger Jahre beibehalten. Sie hat jedoch den Nachteil, daß sie größeren Bedienungsaufwand erfordert und deshalb langsamer ist. So eignet sie sich wenig für die Action-Fotografie oder Aufnahmen bei schnellwechselnden Lichtverhältnissen. Die FT-QL war in der Bedienung der Pellix sehr ähnlich und hatte auch denselben kombinierten Selbstauslöser-/Abblendhebel mit Verriegelung. Darüber hinaus übernahm sie von der FX die sehr nützliche Spiegelvorauslösung.

Das neue Meßsystem brauchte eine Batterie, und diese wurde an der Rückspulseite der Kamera untergebracht. Das Batteriefach war sehr sauber konstruiert; der Deckel hatte sowohl eine Rändelung als auch einen Münzschlitz und ein Entlüf-

tungsloch in der Mitte, damit Batteriegase entweichen konnten. Das Gewinde jedoch war sehr fein, und viele Benutzer verkanteten den Deckel so, daß er sich hoffnungslos festfraß. Dann war es praktisch unmöglich, ihn abzuschrauben, ohne Löcher zu bohren und einen Schraubenschlüssel anzusetzen. Leider war das Innengewinde direkt in das Kameragehäuse geschnitten und konnte so, war es einmal verdorben, nicht mehr nachgeschnitten werden.

Der Batteriezustand ließ sich mit einem konzentrisch zum Rückspulknopf angebrachten Hebel prüfen. Bei Betätigung dieses Hebels sprang die Meßnadel im Sucher bei einwandfreier Spannungsabgabe auf einen bestimmten Index.

Die Canon TL-QL, eine einfachere Ausführung der FT-QL. Mit freundlicher Genehmigung der Canon Camera Company, Inc., Tokio.

Die Canon EX-EE, eine frühe Kamera mit Belichtungs-automatik. Sie basierte auf Satzobjektiven mit auswech-selbaren Vordergliedern. Das Hinterglied war fest eingebaut. Mit freundlicher Genehmigung von KEH Camera Brokers.

Im übrigen war die FT-QL praktisch identisch mit der FX; die wichtigsten ihrer Bauteile waren untereinander austauschbar. Die einzige mechanische Schwäche war bei diesen Kameras der große Spiegelspannhebel im unteren Teil, der die Kraft vom Filmtransporthebel auf die andere Seite der Kamera übertrug, wo er die Spiegelfedern spannte. Dieser Hebel ermüdete und brach bei stärkerer Beanspruchung. Ersatzteile gibt es schon seit einigen Jahren nicht mehr, so daß bei einem tatsächlichen Bruch nur das Ausschlachten einer anderen Kamera oder die Reparatur des Teils selbst in Frage kommt. Natürlich gibt es die eine oder andere Spezialwerkstatt, die über die entsprechenden Anlagen zur Herstellung von Ersatzteilen verfügt, doch ist dieser Weg gewöhnlich sündhaft teuer.

Das Innenleben der FT und TL war ausgesprochen stabil und mach-

te selten Probleme. Wegen ihrer sauberen, wohldurchdachten Konstruktion waren diese Kameras sehr leicht zu reparieren. Der Spiegelspann- und Antriebsmechanismus war so gut konstruiert, daß er – zusammen mit dem FL-Objektivanschluß – in einer Mittelformatkamera 6x6cm kopiert wurde, die erst Rittreck, dann Warner und schließlich Norita hieß. Die Norita 66 ist im wesentlichen eine »aufgebohrte« Canon FT!

Die letzte der Canon Kameras mit FL-Bajonett war die Canon TL-QL. Dabei handelte es sich im wesentlichen um eine abgespeckte FT-QL ohne Spiegelvorauslösung, 1/1000 s und Batterieprüfer. Sie war gedacht als preisgünstige Ausführung der FT-QL ohne Zugeständnisse an Leistung, und diesen Zweck erfüllte sie vorbildlich.

Die Canon EX-Modelle

Wie das Experiment mit der Canonex zeigt, wünschte sich Canon natürlich eine SLR-Kamera mit Belichtungsautomatik. Doch es lag auf der Hand, daß sich das Canonex-Prinzip mit seinem unzuverlässigen, komplexen Zentralverschluß hierfür nicht eignete.

Der nächste Versuch Canons mit einer automatischen Kamera führte zur Canon EX-EE. Diese war ein wenig klobig und kantig im Gegensatz zu den weichen Konturen der FT-QL und TL-QL. Außerdem war sie etwas kleiner. Sie wurde von 1968 bis 1973 gebaut, ist heute jedoch kaum noch auf dem Gebrauchtmarkt anzutreffen.

Bei dieser Kamera war das Objektivhinterglied fest eingebaut; die Wechselobjektive bestanden nur aus den Vordergliedern, wie dies in ähnlicher Form in der Contaflex und Re-

Die Canon EX Auto für die Canon Blitzautomatik CAT. Mit freundlicher Genehmigung von KEH Camera Brokers.

tina der Fall war. Ein Blendenring findet sich weder an den Objektiven, noch am Kameragehäuse. Eingestellt wurde die Blende an einem um den Rückspulknopf angeordneten Ring, der auch eine mit »EE« bezeichnete Stellung für Belichtungsautomatik und die Abschaltstellung OFF aufwies.

Wechselobjektive gab es mit den Brennweiten 35, 50, 95 und 125 mm. Sie waren mit einem Schraubgewinde versehen.

In der Contaflex, Retina und anderen Kameras wurden derartige Satzobjektive verwendet, weil sich der Zentralverschluß innerhalb des optischen Systems befinden mußte. Und statt jedes einzelne Objektiv mit

einem eigenen Verschluß auszustatten, wie dies Hasselblad, Mamiya, Kowa und andere beim Mittelformat taten, machte man nur das Vorderglied auswechselbar, um Gewicht und Volumen zu sparen.

Bei den EX-Modellen ergibt sich natürlich die Frage, warum man dies bei einer Schlitzverschlußkamera tun sollte. Eigentlich gibt dies keinen Sinn. Man kann nur mutmaßen, daß Canon diese Kameras ursprünglich für Verwendung eines Zentralverschlusses konstruierte, dann jedoch auf technische Schwierigkeiten stieß und sie schließlich auf Schlitzverschluß umkonstruierte. Es wäre nicht das erste Mal, daß man sich für einen Kompromiß entschloß, um

nicht hohe Entwicklungskosten völlig abschreiben zu müssen. Was immer auch der Grund für Canons Entscheidung gewesen sein mag – in der Praxis erwies sie sich als richtig, und die EX-EE war eine recht gute Kamera. Mit Sicherheit konnte sie nicht über die Fehlerquellen der Canonex klagen. Trotzdem hielt sich ihr Erfolg in Grenzen, und vielleicht lag dies an der Vorbelastung durch die Canonex.

Die Objektive für die EX-EE sind durch ein »EX« gekennzeichnet. Sollten Sie je gebrauchte Objektive für diese Kamera suchen, so denken Sie daran, daß Canon schon viel früher einmal Objektive mit »EX« bezeichnet hatte, die für die Exakta bestimmt waren. Achten Sie deshalb darauf, daß Sie das richtige Objektiv kaufen!

Gegen Ende der Laufzeit dieser Kamera wurde eine gewisse Anzahl speziell für den amerikanischen Markt gefertigt. Diese tragen die Aufschrift »Bell & Howell Auto 35/Reflex«. Der Name Canon erscheint auf diesen Kameras überhaupt nicht, lediglich auf den Objektiven, die mit denen für die EX-EE identisch sind.

Niemand weiß, wieviele Exemplare von dieser Kamera gebaut wurden. Wahrscheinlich ist die Stückzahl nicht sehr hoch, denn die Produktion lief nur ein Jahr oder noch weniger.

Zwischen 1972 und 1976 wurde eine zweite EX hergestellt, die Canon EX-Auto. Sie lief parallel zur EX-EE und unterschied sich nur insofern, als sie für die Canon Blitzautomatik CAT konstruiert war, die im nächsten Kapitel besprochen wird.

Mit der Fertigstellung der letzten EX-Kameras – irgendwann 1976 – verlor Canon das Interesse an Satzobjektiven und experimentierte nie wieder mit dieser Konstruktion. Wenngleich die Laufzeit von 1968 bis 1976 relativ lang ist, verleitet die Seltenheit dieser Kameras auf dem Gebrauchtmarkt zu der Annahme, daß die Stückzahlen nicht sehr hoch gewesen sein können.

Die Kameras mit FD-Anschluß

Offiziell wurde die Canon F-1 vor der Canon FTb-QL eingeführt, doch in der Praxis erschien die FTb-QL eine ganze Weile vor der professionellen F-1. Wie dem auch sei, offiziell wurden beide Kameras 1970 vorgestellt und kamen Anfang 1971 auf den Markt.

Beide Kameras wurden zu einem Meilenstein für Canon, denn man hatte endlich eingesehen, daß der alte FL-Anschluß dem technischen Fortschritt im Wege stand. Andererseits wollte man natürlich keinesfalls die Kompatibilität opfern und die Besitzer von FL-Objektiven vor den Kopf stoßen. So konstruierte man das FL-Bajonett um und versah die Objektive mit einem Blendensimulator. Dabei handelt es sich um einen flachen Metallhebel, der in einem bogenförmigen Schlitz an der Rückseite des Objektivs läuft und mit dem Blendenring gekuppelt ist.

Mit Drehung des Blendenrings wirkt der Blendensimulator auf einen angefederten Hebel in der Kamera und übermittelt so die vorgewählte Blende an das Meßsystem. Gleichzeitig wurde auch die Objektivfassung überarbeitet und der Blendenring nach hinten verlegt, um diese Kupplung zu vereinfachen. Der

Die Canon FTb, die erste Kamera mit FD-Objektivanschluß, hier mit Canon FD 1:1,8/50 mm. Mit freundlicher Genehmigung von KEH Camera Brokers.

Entfernungsring wurde mit einem griffigen Gummiring versehen und ein verchromter Filterring mit Außengewinde für Gegenlichtblenden und das CAT-System hinzugefügt. Die neuen Objektive erhielten die Bezeichnung »FD«.

Die erste für diese Objektive konstruierte Kamera war die Canon FTb. In vieler Beziehung war sie der FT-QL sehr ähnlich, einschließlich der Schnelladevorrichtung. Mit FD-Objektiven ermöglichte sie nunmehr jedoch Offenblendenmessung. Ohne Einschränkungen konnten auch FL-Objektive verwendet werden und ließen sich wie bei früheren Kameras mit Arbeitsblendenmessung einsetzen. Auf den ersten Blick scheint die FTb keine Vorauslösung zu haben, doch dies stimmt nicht. Diese Funktion wurde nämlich dem Selbstauslöser-/Abblendhebel an der Vorderseite übertragen. Statt den in Richtung Objektiv gedrückten Hebel einfach zu arretieren, hatte der kleine Hebel darunter nun eine zweite Funktion: In seiner Stellung »M« führte ein Druck auf den Abblendhebel in Richtung Objektiv zum Hochklappen des Spiegels und zur Abblendung des Objektivs. Die Konkurrenz argumentierte damals, daß Canon einem einzigen Bedienungselement zuviel zumute und daß es deshalb unzuverlässig sei. Nun, die Canon FTb war ein sehr ernstzunehmender Konkurrent, gegen den man natürlich irgend etwas ins Feld führen mußte.

Als weitere Neuheit hatte die FTb einen Zubehörschuh mit Mittenkontakt auf dem Prismengehäuse außer dem normalen Kabelkontakt neben dem Objektivanschluß. Dieser Zubehörschuh besaß außerdem zwei weitere kleine Kontake an der Rückseite für die CAT-Blitzautomatik.

Einige Kamerahersteller hatten mit einer direkten mechanischen Kupplung experimentiert, die Blenden vor der Blitzröhre verschob, um mit der Fokussierung Abstandsunterschiede auszugleichen. Canon schuf im Gegensatz dazu ein brillantes elektronisches System, bei dem

die Blitzleistung über die Fokussierung des Objektivs gesteuert wurde. Das System bestand aus zwei Teilen, dem Blitzgerät im Zubehörschuh und einem Einstellring im Gegenlichtbajonett des Objektivs. An der Rückseite des Rings befanden sich zwei Vorsprünge, die mit einem Stift am Objektiv kuppelten. So wurde die Drehung des Entfernungsrings auf Regelwiderstände im Blitzring übertragen. Dies veränderte die Stellung der Meßnadel in der Kamera, die mit der Meßkelle zur Deckung gebracht wurde. Damit war einwandfreie Blitzbelichtung sichergestellt, weil die Reflexionseigenschaften des Objekts keinen Einfluß auf die abgegebene Lichtmenge hatten.

Zum erstenmal wurden Blitzaufnahmen damit wirklich automatisch gesteuert. Die Blitzfolgezeit war für heutige Begriffe noch etwas lang und lag bei fünf oder sechs Sekunden bei frischen Batterien, doch bis zum Erscheinen des ersten Thyristor-Blitzgeräts, des Vivitar 283, war das System konkurrenzlos. Und selbst dann blieb es genauer, denn es ließ sich von ungewöhnlich stark oder schwach reflektierenden Objekten nicht aus der Ruhe bringen – auch heute noch ein Problem selbst für gute Systeme mit Blitzinnenmessung. Die einzigen Konkurrenzsysteme, bei denen die Belichtung direkt entfernungsabhängig gesteuert wurde, waren das Blitz-Planar für die Contarex und das GN-Nikkor, bei denen der Blendenring mit dem Entfernungsring gekuppelt war und die Belichtung durch Änderung der Arbeitsblende mit der Fokussierung geregelt wurde.

Canons Lösung war insofern besser, als der CAT-Blitz mit verschiedenen Canon Objektiven verwendet werden konnte, während das Blitz-Planar nur mit Brennweite 50 mm erhältlich war, das GN-Nikkor mit 35 mm.

Nur in Kleinigkeiten unterschied sich die FTb sonst noch. Der konzentrisch zum Rückspulknopf angebrachte Hebel hatte eine Ausschalt-

stellung (OFF) sowie eine Batterieprüfstellung. In der OFF-Stellung machte ein Blitzsymbol darauf aufmerksam, daß die Kamera zum Blitzen ausgeschaltet sein mußte. Der Verschlußzeitenknopf der FTb hatte keine X-Stellung. Statt dessen war die Stellung 1/60 orange eingelegt und so als Blitzstellung gekennzeichnet.

Der bereits in der FT-QL verwendete Strahlenteiler in der Kondensorlinse wurde für die FTb übernommen. Allerdings war das Meßsystem nunmehr mit Blende und Verschlußzeit gekuppelt. Die Meßwerkkupplung der FTb – die später auch in der F-1 verwendet wurde – war übrigens eine der besten überhaupt. Während andere Hersteller den Verschlußzeiten-/Empfindlichkeitsknopf rechts mit winzigen Ketten oder gar Seidenfäden mit dem eigentlichen Meßwerk auf der linken Seite verbanden, verwendete Canon eine lange, flache Stange. Diese war an jedem Ende mit Zähnen versehen und drehte ein Ritzel auf der Meßwerkseite, sobald sich das Ritzel auf der Verschlußzeitenseite drehte. So führte jede Drehung der ASA-Einstellung oder des Verschlußzeitenknopfes zu einer Verschiebung der Stange und Drehung der Meßpotentiometer, die zur Bewegung der Meßnadel führte. Mit anderen Worten, ein einmal justiertes Meßwerk konnte kaum verstellt werden; seine Genauigkeit war hoch und von Dauer.

Auch die Blendensimulation war eine reine Metallkonstruktion und sehr stabil. Eine Drehung des Blendenrings des Objektivs veränderte die Stellung eines Metallzeigers mit einer Kelle am Ende. Diese Kelle war im Sucher zusammen mit der Meßnadel sichtbar. Die Belichtungsabstimmung erfolgte, indem Meßnadel und Meßkelle durch Drehen des Blendenrings, des Verschlußzeitenknopfes oder beider zur Deckung gebracht wurden. Und das ging erstaunlich schnell.

Die FTb war die erste Canon SLR-Kamera, die zu einem Verkaufsschla-

Die Canon
TLb, eine ver-
einfachte FTb,
hier mit Canon
FD 1:1,8/50
mm S.C. Mit
freundlicher
Genehmigung
der Canon
Camera Com-
pany, Inc.,
Tokio.

Die Canon
FTbN, eine
verbesserte
FTb ohne
geänderte Mo-
dellbezeich-
nung. Von
ihrem Vorgän-
ger leicht zu
unterscheiden
durch den
schwarzen
Kunststoffgriff
des Schnell-
schalthebels,
den schwarzen
Selbstauslöser-
hebel mit
weißer Linie
und den ange-
federten
Deckel des Ka-
belkontakts.

Die Bell & Howell FD 35, von Canon gebaut und praktisch identisch mit der Canon TLb, mit Mittenkontakt im Zubehörschuh. Mit freundlicher Genehmigung von KEH Camera Brokers.

ger wurde. Für eine nicht speziell an den Profi gerichtete Kamera war sie der Konkurrenz eindeutig überlegen. Sie begründete Canons Ruf als ernstzunehmender Hersteller.

Als Einsteigerkamera führte Canon 1972 die TLb ein, bei der es sich einfach um eine abgespeckte FTb handelte. Ihr fehlte der Mittenkontakt im Zubehörschuh, und ihre kürzeste Verschlußzeit war 1/500 s. Ferner fehlten die Spiegelvorauslösung und die Verriegelung des Abblendhebels. Vielleicht weil sie primär für den amerikanischen Markt bestimmt war, hatte sie kein DIN-Fenster auf dem Verschlußzeitenknopf. Das Schnelladesystem mußte einer Mehrschlitzspule weichen, und das Meßsystem war grundlegend verschieden. Statt des Strahlenteilers in der FTb, der zwei-

felsohne recht teuer in der Fertigung war, wurde ein völlig neues Meßsystem konstruiert, bei dem eine CdS-Zelle hinter dem Dachkantprisma, direkt über dem Okular saß. Diese Zelle war auf ein Rechteck maskiert und hatte ein spektrales Korrektionsfilter vorgeschaltet – beides für die damalige Zeit sehr fortschrittliche Merkmale. Die Meßzelle blickte wie der Fotograf ins Dachkantprisma und maß die Helligkeit auf der Einstellscheibe integral, jedoch mit leichter Mittenbetonung.

Die von 1972 bis 1977 gebaute TLb war als Einsteigerkamera bei Canon Fans sehr beliebt. Sicher sind auch heute noch viele Canon FTb und TLb in aller Welt in Benutzung, und sie werden ihren Besitzern zweifellos noch viele Jahre gute Dienste tun.

Im Jahre 1973 brachte Canon eine überarbeitete FTb heraus, die Canon FTbN, die leicht am schwarz belegten Schnellschalthebel, dem schwarzen und kleineren Selbstauslöser-/Abblendhebel mit einer weißen Linie und einem angefederten Schutzdeckel auf dem Kabelkontakt erkennbar ist. Interessenten für eine FTbN sollten nach allen drei dieser Erkennungsmerkmale suchen, da bei einer Reparatur zuweilen neue Teile verwendet wurden. So kam es zum Beispiel vor, daß der Selbstauslöserhebel verlorenging, wenn sich seine Befestigungsschraube löste, und dann ein neuer Hebel angebracht wurde. Der schwarze Schutzdeckel des Kabelkontakts läßt sich hingegen kaum an einer FTb anbringen, so daß es unwahrscheinlich ist, daß Sie einer »gefälschten«

FTbN mit allen drei Unterscheidungsmerkmalen begegnen.

In den Funktionen unterschieden sich die FTbN und die FTb eigentlich nur durch den leichtgängigeren Schnellschalthebel und ein praktisches, kleines Plastikrädchen direkt über der Einstellscheibe, das die jeweils eingestellte Verschlußzeit im Sucher anzeigte. Zum erstenmal wurde es möglich, alle Belichtungsdaten einzustellen, ohne die Kamera vom Auge zu nehmen.

Bell & Howell hatte 1972 noch die amerikanische Canon Vertretung inne, doch wurde dieses Verhältnis im Laufe des Jahres gelöst, und Canon baute seinen eigenen Vertrieb auf. Offensichtlich war Bell & Howell noch an Kameras interessiert und veranlaßte Canon, zwei Modelle speziell für den amerikanischen Markt zu bauen. Wie bereits erwähnt, war die Bell & Howell Auto 35 Reflex nichts anderes als eine Canon EX-EE mit anderer Bezeichnung.

Ähnlich war es mit der Bell & Howell FD 35, bei der es sich um eine unter anderer Flagge segelnde Canon TLb handelte. Allerdings nahm Canon einige kosmetische Änderungen vor, um sie abzusetzen. So hatte die Bell & Howell FD 35 einen verchromten Verschlußzeitenknopf und einen Chromring unter dem Rückspulknopf, während beide in der Canon TLb schwarz waren. Die Bell & Howell verfügte über einen Mittenkontakt, die TLb lediglich über einen einfachen Zubehörschuh. Ansonsten jedoch waren beide Kameras identisch.

Vielleicht wegen des Mittenkontakts der Bell & Howell FD 35 brachte Canon auch unter eigenem Namen eine Kamera mit denselben Features wie die Bell & Howell heraus, die Canon TX. Sie unterscheidet sich nur in einem schwarzen Verschlußzeitenknopf und einem schwarzen Ring unter dem Rückspulknopf. Sie wurde 1975 eingeführt, ersetzte die TLb jedoch nicht, sondern lief parallel zu ihr.

Im Jahre 1973 führte Canon die EF ein. Sie ging neue Wege, denn ihr Verschluß wurde elektromechanisch gesteuert: bei den kurzen Zeiten mechanisch, bei den langen elektronisch.

Die Canon EF war nicht die erste SLR-Kamera mit Belichtungsautoma-

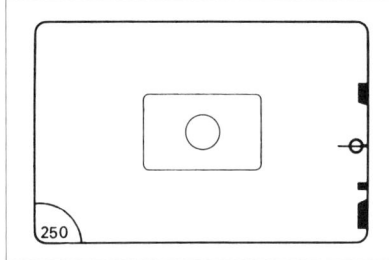

Sucher der Canon FTbN

Die Canon TX, die mit Ausnahme einiger kosmetischer Änderungen mit der Bell & Howell FD 35 identisch ist (einschließlich des Mittenkontakts). Mit freundlicher Genehmigung der Canon Camera Company, Inc., Tokio.

tik. Diese Ehre gebührt der Konica Autorex (Autoreflex) aus dem Jahre 1967. Bei der Blendenautomatik der Konica handelte es sich jedoch im wesentlichen um ein komplexes mechanisches System, bei dem lediglich die Stellung der Meßnadel elektronisch eingegeben wurde. Diese Nadel wurde von einer Art Zahnstangen-Guillotine eingefangen und ihre Stellung mechanisch in eine Blendeneinstellung am Objektiv umgesetzt. Das funktionierte, doch es war mechanisch komplex und teuer in der Fertigung.

Auch war die Canon EF nicht die erste Kamera mit einem elektronisch gesteuerten Verschluß und Belichtungsautomatik. In beiden Fällen gebührt die Ehre der Zeiss-Ikon Contarex Super Electronic. In der Contarex SE dienen Widerstände zur Steuerung der Verschlußzeiten über einen Auslösemagneten am zweiten

Verschlußvorhang – eine Konstruktion, die auch Canon in der EF benutzte. Während die Contarex SE in der Grundausstattung keine Belichtungsautomatik bot, konnte sie mit einem als Tele Sensor bezeichneten Zubehör in eine Kamera mit Zeitautomatik verwandelt werden. Die erste SLR-Kamera mit eingebautem, elektronisch gesteuertem Verschluß und elektronisch gesteuerter Belichtungsautomatik war die Asahi Pentax Electro Spotmatic (ES), die 1972 – ein Jahr vor der Canon EF – auf den Markt kam. Auch sie arbeitete mit Zeitautomatik. (Gelegentlich wird die Edixa Electronica aus dem Jahre 1962 als erste elektronisch gesteuerte Kamera genannt, doch diese war in Wirklichkeit eine mechanische Kamera, in der ein Servomotor die Einstellungen automatisch nach der Nachführmessung vornahm – eine recht seltsame Konstruktion.)

Bei Einführung der Canon EF stritt man sich noch darum, ob eine professionelle Kamera ein eingebautes Meßsystem haben sollte oder nicht, ganz zu schweigen von Belichtungsautomatik. Noch war man der Ansicht, daß Profis einen Handbelichtungsmesser den eingebauten »miniaturisierten« Belichtungsmessern vorziehen würden. Es gab sogar eine Reihe von Kameras, die als Pro- oder Profi-Modelle bezeichnet wurden und keinen eingebauten Belichtungsmesser besaßen. Canon zeigte beachtlichen Mut, mit der offensichtlich in Profi-Qualität gebauten EF auf den Plan zu treten.

Die Canon EF war die erste nicht als Profi-Modell bezeichnete Canon Kamera, die nur in Schwarz angeboten wurde.

In großen Zügen der F-1 ähnlich, war die rechte Oberseite der Kamera ganz anders gestaltet. Das Ver-

Canon EF. Mit freundlicher Genehmigung von KEH Camera Brokers.

Die Canon EF in Gedenkaus-führung für die Olympischen Spiele in Montre-al 1976. Sie wurde nie zum Kauf angeboten, und nur wenige Exemplare wur-den für Canons eigenen Bedarf gebaut. Foto: Joseph DeLora.

schlußzeitenrad war sehr groß und stand zur leichteren Bedienung über die Vorderseite der Kamera heraus. Der Schnellschalthebel und der Auslöser waren konzentrisch zum Verschlußzeitenrad angebracht – eine weitere Abweichung von früheren Canon Konstruktionen und für die damalige Zeit sehr eigenwillig. Vermutlich stand hierbei die Leica M5 Pate, die 1971 eingeführt wurde und ähnliche Merkmale aufweist.

Das Verschlußzeitenrad der EF ist in drei Farben eingelassen: Weiß, Gelb und Orange. Die Zeiten von 1 s bis 1/1000 s und B sind weiß eingelassen, und dies bedeutet, daß sie mechanisch gesteuert sind. Zeiten von 2 s bis zu 30 s sind gelb eingelassen, woraus hervorgeht, daß sie elektronisch gesteuert sind. Die 1/125 s ist orange eingelassen zum

Zeichen dafür, daß es sich um eine mechanisch gesteuerte Zeit handelt, die zudem zur Blitzsynchronisation dient. Damit war die Canon EF eine der wenigen elektronisch gesteuerten Kameras, die auch bei Ausfall der Batterien über einen großen Zeitenbereich (von 1 s bis 1/1000 s, einschließlich der Synchronzeit 1/125 s) einsatzfähig blieben. Wer je erlebt hat, wie aus einer batterieabhängigen, modernen Kamera ein nutzloses Stück Technik wird, nur weil ihr der Strom ausgeht, der wird den Wert dieser Hybridkonstruktion ermessen können. Der von Canon in der EF verwendete Verschluß ist ein Metallamellen-Copal Square S, wie ihn Yashica mit großem Erfolg seit 1969 in seiner TL Electro X verwendete, jedoch unter Beibehaltung des mechanischen Getriebes sowie des

elektromagnetischen Auslösesystems der Vorhänge. Es war das erste Mal, daß Canon einen Schlitzverschluß von einem Fremdhersteller zukaufte, doch der Copal Square war schon geraume Zeit auf dem Markt und hatte sich in seiner mechanischen Ausführung bewährt. Inzwischen verdiente sich auch die elektronische Version ihre Sporen. Verschlußprobleme im Zusammenhang mit der EF sind nie bekanntgeworden. Trotzdem war dies das letzte Mal, daß Canon einen Fremdverschluß einbaute.

Auf den ersten Blick scheint die EF denselben erhöhten Rückspulknopf zu haben wie die F-1, doch das trifft nicht zu. Der Rückspulknopf der F-1 ist erhöht, um Platz für den aufsteckbaren Blitzschuh jener Kamera zu schaffen. Der Rückspulknopf der EF ist ohne ersichtlichen Grund erhöht und trägt die Filmempfindlichkeitseinstellung um seinen Sockel. Statt eines flachen Einstellrads mit oben gravierten Ziffern handelt es sich hier um einen kurzen Zylinder, bei dem die Ziffern auf dem Umfang graviert sind. Der Grund hierfür ist nicht offensichtlich, und anscheinend war er auch Canon nicht klar, denn man verwendete diese Konstruktion nie wieder. Man könnte spekulieren, daß Canon lediglich versuchte, das Aussehen der EF ein wenig an die F-1 anzugleichen.

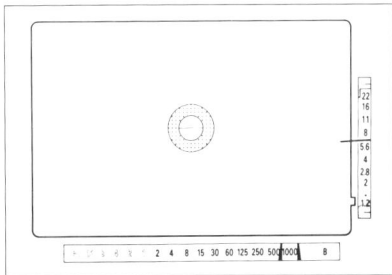

Sucher der Canon EF

Auch das feststehende Prismengehäuse weist Ähnlichkeit mit jenem der F-1 auf. Allerdings hat der Zubehörschuh darauf keinen Mittenkontakt, sondern nur die zwei Spezialkontakte für die CAT-Blitzautomatik.

Belichtungsautomatik erforderte natürlich die Verwendung eines FD-Objektivs. Mit FL-Objektiven war nur manuelle Belichtungsabstimmung möglich. Auf dem Blendenring aller FD-Objektive gibt es eine Stellung nach der kleinsten Öffnung, die für Blendenautomatik einzustellen war. Bei den älteren FD-Objektiven ist diese mit einem grünen Kreis gekennzeichnet, bei den neueren mit einem »A«. Direkt hinter dieser Gravur befindet sich ein kleiner schwarzer Knopf, der gedrückt werden mußte, um den Ring auf diese Stellung zu drehen. Dieser rastet dort ein. Zur Rückstellung in den normalen Blendenbereich mußte der Sperrknopf erneut gedrückt werden.

In der Automatikstellung ist eine Betätigung des Abblendhebels zur Schärfentiefenkontrolle nicht mehr möglich. Soll die Schärfentiefe im Automatikbetrieb geprüft werden, muß die Arbeitsblende im Sucher abgelesen, das Objektiv aus der Automatikstellung auf diese Blende eingestellt und dann der Abblendknopf gedrückt werden. Danach darf man natürlich nicht vergessen, das Objektiv zur Aufnahme wieder in die Automatikstellung zu bringen.

Bei längeren Verschlußzeiten zeigte eine rote LED an der Vorderseite der Kamera die Öffnungszeit des Verschlusses an. Und das war bei sehr langen Zeiten durchaus nützlich. Dieselbe LED diente zur Batterieprüfung. An der Kamerarückseite befand sich im direkten Griffbereich des rechten Daumens der Hauptschalter (ON/OFF), der gleichzeitig den Schnellschalthebel in seine Bereitschaftsstellung springen ließ. So konnte die Kamera spielend zwischen den Aufnahmen abgeschaltet werden, um Batteriestrom zu sparen. Ein kleiner, verchromter Knopf in der Achse des Hauptschalters diente für Mehrfachbelichtungen. Er mußte jeweils vor Betätigung des Schnellschalthebels gedrückt werden, damit der Film an derselben Stelle verblieb.

Die Belichtungsmessung mit FL-Objektiven entsprach früheren Canon SLR-Kameras. Der Selbstauslöser-/Abblendhebel mußte in Richtung Objektiv gedrückt oder der Arretierhebel darunter betätigt werden, so daß er in seiner gedrückten Stellung verharrte. Dieses Verfahren galt auch für ungekuppeltes Zubehör wie Balgengeräte, ältere Zwischenringe, Mikro/Teleskopadapter usw.

Das Meßsystem der EF ähnelte jenem der TLb. Allerdings war es hier eine Silicium-Fotodiode, die von einer Stellung hinter dem Dachkantprisma auf die Einstellscheibe blickte. Die Messung erfolgte mit leicht nach unten verschobener Mittenbetonung und bewährte sich bei den

meisten Motiven gut. Zum ersten Mal setzte Canon hier eine Silicium-Zelle ein, wie sie heute in allen modernen SLR-Kameras verwendet wird. Damit ließ sich die Meßempfindlichkeit auf bisher unglaubliche - 2 LW bei ISO 100/21° (und Verwendung eines Objektivs 1:1,4) steigern.

An dieser Stelle mögen einige Worte zu den Meßzellen angebracht sein. Am Anfang basierten alle Belichtungsmesser auf Selenzellen. Selen hat die Eigenschaft, auftreffendes Licht direkt in elektrischen Strom zu verwandeln, und dieser reicht aus, ein kleines Potentiometer zu betreiben, das an eine Anzeigenadel angeschlossen sein kann. Die einzige Möglichkeit, die Empfindlichkeit dieser Zellen zu erhöhen, bestand in einer Vergrößerung der Selenzelle. Derartige Belichtungsmesser haben den Vorteil, daß sie keine Batterie benötigen und recht genau sind; auf der Sollseite jedoch stehen ihre Größe und die relativ geringe Empfindlichkeit bei schwachem Licht. Die Aufsteck-Belichtungsmesser zur Canonflex und der eingebaute Belichtungsmesser der Canonflex RM arbeiten mit Selenzellen. Dann kam als Neuheit die Cadmiumsulfid- oder kurz CdS-Zelle. Sie erzeugt selbst keine Elektrizität, sondern verändert ihren Widerstand in Abhängigkeit von der auftreffenden Lichtmenge. Mit Batterien zum Antrieb eines Potentiometers in Reihe geschaltet, kann sie zur Lichtmessung dienen. Die Vorteile der CdS-Zelle sind geringe Größe und hohe Empfindlichkeit. Außerdem macht sie die Innenmessung möglich. Allerdings »sieht« sie das Licht nicht genau so wie der Film, und sie leidet nach der Bestrahlung mit hellem Licht an einem »Gedächtnisschwund«. Im Gegensatz dazu erzeugen Siliciumzellen einschließlich der modernen Silicium-Blauzellen auf Lichteinfall direkt elektrischen Strom, der jedoch so schwach ist, daß er verstärkt werden muß.

Durch Miniaturtransistoren wurde es möglich, Verstärker so klein zu bauen, daß sie in eine Kamera paßten. So entstanden die heutigen Innenmeßsysteme. Eine der ersten SLR-Kameras (die allererste war die Fujica ST 701 im Jahre 1971) mit einer Siliciumzelle war die Canon EF, die damit den meisten anderen Kameras ihrer Tage weit voraus war und sich mit ihrer Leistung selbst nach heutigen Maßstäben sehen lassen kann.

Der Sucher der Canon EF ist vorbildlich. Nichts stört das Sucherbild. Nur die Spitze der Blendennadel ragt hinein. Die Einstellscheibe ist hell und gestattet die Scharfeinstellung an jeder beliebigen Stelle, unterstützt durch einen zentralen Mikroprismenring. Spätere EF-Ausführungen hatten zusätzlich einen horizontalen Schnittbildindikator als Einstellhilfe. Eine Skala unter dem Sucherbild zeigt sämtliche Verschlußzeiten. Mit Drehung des Verschlußzeitenrades bewegt sich eine Gabel über die Skala, die die eingestellte Zeit symmetrisch einfängt. Rechts neben dem Sucherbild zeigt eine Meßnadel die von der Kamera zugeordnete Arbeitsblende an. Am Fuße dieser Skala deckt ein bewegliches rotes Feld jene Blenden ab, die bei dem eingesetzten Objektiv nicht zur Verfügung stehen. So erscheint der volle Bereich nur bei Verwendung eines Objektivs 1:1,2, während beim Einsatz eines Objektivs 1:4 alle größeren Blenden abgedeckt sind.

Wenngleich einige Canon FD-Objektive stärkere Abblendung als 22 zulassen, reicht die Skala nur bis Blende 22. Kleinere Blenden werden nicht von der Automatik erfaßt. Ein rotes Feld am oberen Ende der Skala begrenzt mit jenem am unteren Ende den Meßbereich. Steht die Nadel im oberen roten Feld, ergibt sich Überbelichtung, im unteren Unterbelichtung. Eine Auskerbung im Sucherbild im unteren Bereich der Skala dient als Einstellindex bei Arbeitsblendenmessung mit FL-Objektiven oder ungekuppeltem Zubehör.

Auf der Oberseite der Kamera befindet sich links vorn ein kleiner verchromter Knopf, der auf Druck die Belichtung für eine beliebige Anzahl Aufnahmen speichert.

Beim Filmeinlegen ging die EF zur traditionellen, geschlitzten Aufwickelspule zurück. Aus unbekannten Gründen gab Canon sein erfolgreiches QL-System nach der FTbN auf und sollte erst mit den Kameras der T-Reihe zehn Jahre später wieder zu Schnelladesystemen zurückkehren.

Die Canon EF war eine recht außergewöhnliche Konstruktion, sowohl in bezug auf ihre Belichtungsautomatik und ihren Verschluß als auch ihre Gehäusegestaltung. Die meisten ihrer besonderen Konstruktionsmerkmale starben mit der Kamera, nur die Gestaltung der rechten Oberseite sollte sich später in der Canon AE-1 wiederfinden. Rückwirkend ist nur schwer einzusehen, warum Canon die mit der EF entwickelten Ideen einfach aufgeben und die EF als Waise zurücklassen sollte. Wie dem auch sei, die EF ist auch heute noch durchaus einsatzfähig, und viele dieser Kameras sind noch bei Amateuren und Profis in Benutzung. Guterhaltene EF-Gehäuse kosten selbst heute – zwanzig Jahre nach Einführung der Kamera – noch relativ viel.

Wer genau hinschaut, wird feststellen, daß sich die Rückwand der EF abnehmen ließ. Alternative Rückwände wurden jedoch nicht angeboten. Canon baute einen Motorantrieb für die EF als Prototyp, der gegen die Kamerarückwand ausgetauscht wurde. Er ging jedoch nie in Serie.

Canons erste Profi-Kamera, die Canon F-1

Ende 1960 war Canon zu der Überzeugung gekommen, daß man auf ein professionelles Kleinbild-SLR-System nicht länger verzichten konnte, und zwar sowohl in Konkurrenz zu Nikons enorm erfolgreicher Nikon F als auch zur Begründung des Rufs als Hersteller von Geräten, deren Qualität sie für den Berufseinsatz tauglich macht. Offensichtlich wußte man sehr genau, was man wollte. Als die F-1 zur photokina 1970 erschien, teilte sie viele äußere und innere Merkmale und Konstruktionsideen mit der FT, FTb und FTbN. Sie war jedoch als echte Systemkamera ausgelegt; ihr Grundgehäuse nahm oben Wechselsucher auf, unten Motorantriebe, hinten Spezialrückteile und vorn ein komplettes Programm an Profi-Objektiven. In einigen Punkten hatte Nikon den Weg gewiesen, doch allein damit gab sich Canon nicht zufrieden. Man konstruierte die F-1 von grundauf so, daß sie die Nikon F übertreffen sollte.

Der wichtigste grundlegende Unterschied bestand darin, daß das Belichtungsmeßsystem der Profi-Canon im Kameragehäuse eingebaut war und nicht in einem voluminösen Meßsucher. Damit konnten sämtliche Kupplungselemente für Kamera und Objektiv ins Innere verlegt werden. Sämtliche Stifte und Hebel an der Rückseite des Objektivs kuppelten mit Gegenstücken im Kameragehäuse, so daß die Kamera selbst wesentlich besser gegen Staub, Sand, Wasser und andere äußere Einwirkungen geschützt war. Zweitens behielt die F-1 die angelenkte Rückwand, die nunmehr abnehmbar war, damit sie gegen Spezialrückteile ausgetauscht werden konnte. Die Bodenplatte war gleichfalls abnehmbar, so daß sich ein Motorantrieb direkt ansetzen ließ. Motorantriebe sollten universell austauschbar sein und keine spezielle Anpassung an das Gehäuse erfordern. Blendenautomatik sollte über einen Zubehörsucher verfügbar sein.

Es ist nur wenig bekannt, daß es zwei verschiedene Ausführungen der F-1 gab. Der Unterschied bestand allerdings nur darin, daß die ersten Serienkameras noch inidividuell an Motorantriebe angepaßt werden mußten, wie dies auch bei der Nikon F der Fall war. Sehr schnell stellte Canon dies jedoch ab und machte Kameras und Motorantriebe frei

Canons erste Profi-Kamera, die Canon F-1.

austauschbar. F-1 mit Seriennummer unter 200.001 mußten zur Anpassung des Motors eingesandt werden. Zur Anpassung mußten einige Zahnräder durch widerstandsfähigere ausgetauscht und einige Teile abgefeilt werden. Äußerlich ist eine solche Änderung jedoch nicht erkennbar.

Am besten beginnen wir zur Beschreibung der Canon F-1 mit der Oberseite. Serienmäßig wurde die Kamera mit einem Prismensucher geliefert. Dieser war so konstruiert, daß er gleichzeitige Betrachtung des Sucherfeldes und des Meßfensters in etwa gleicher scheinbarer Entfernung gestattete. Obwohl sich das Meßwerk auf der linken Kameraseite – zwischen Sucher und Rückspulkurbel – befand, führte die Umkehrung durch das Prisma zur Abbildung rechts neben dem Sucherbild. Die eingestellte Verschlußzeit erschien in einem Fenster unter dem Meßfenster, bei dem es sich um ein langes, vertikales Rechteck handelt. In diesem wurde die auf die Blendeneinstellung reagierende Meßnadel mit einer auf Verschlußzeit und Lichtmenge ansprechenden Meßkelle zur Deckung gebracht. Die äußeren Ränder der Meßkelle entsprachen jeweils einer Unter- bzw. Überbelichtung um eine halbe Blende. Der Meßbereich wurde durch rote Felder am oberen und unteren Ende begrenzt.

Der Prismensucher ließ sich zum Säubern oder Wechsel gegen einen Zubehörsucher durch Druck auf zwei seitliche Knöpfe und Abziehen leicht abnehmen. Er lief in zwei feinpolierten Schienen, die präzise Ju-

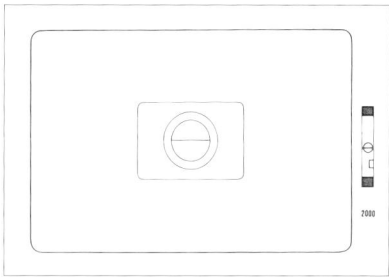

Sucher der Canon F-1

stierung und bequemen Wechsel garantierten. Die angebotenen Zubehörsucher werden in Kapitel 6 ausführlich besprochen.

Das Meßsystem der F-1 war mit jenem der FTb identisch: Ein kleines Rechteck in der Mitte der Einstellscheibe war aufgespalten und teilverspiegelt, so daß ein Teil des Lichts auf eine Fotozelle am Rand der Einstellscheibe geworfen wurde. Durch Unterbringung der Fotozelle im Kameragehäuse und Anbringung

Drei Canon F-1 in Gedenkausführung. Links die Ausgabe für die Olympischen Spiele in Lake Placid 1980 – dies ist bereits die neue Version (F-1n) mit Kunststoffgriff am Schnellschalthebel. Rechts die Ausgabe für die Olympischen Spiele in Montreal 1976 (die Original-F-1). In der Mitte die elektronische Neue F-1 in der Ausgabe für die Olympischen Spiele in Los Angeles 1984. Sie wird im nächsten Kapitel beschrieben. Foto: Joseph DeLora.

eines Fensters im Rahmen der Einstellscheibe ließen sich Wechselscheiben konstruieren, die die Funktion des Meßsystems aufrecht erhielten. Die Einstellscheiben waren jederzeit leicht auszuwechseln, indem man einfach den Sucher abnahm und die Scheibe aus ihrem Sitz hebelte. So war die F-1 die erste Canon Kamera mit jederzeit leicht austauschbaren Einstellscheiben.

Auf der rechten Oberseite war die F-1 der FTb sehr ähnlich; sämtliche Bedienungselemente befanden sich an derselben Stelle. Der Verschlußzeitenknopf hatte Stellungen von 1/2000 s bis 1 s – für damalige Verhältnisse ein großer Bereich. Um den Auslöser war vorn ein kleiner Hebel angeordnet, der auf A bzw. L gedreht werden konnte (A = Advance,

L = Lock). Auf der linken Oberseite befanden sich neben dem Prisma ein Lichteinlaßfenster für die Belichtungseinstellung im Sucher sowie der Rückspulknopf mit Kurbel, der auf einem speziellen Blitzfuß sitzt. Offensichtlich hielt Canon den Prismensucher nicht zur Anbringung eines Blitzgeräts geeignet und entschied sich für diese Konstruktion, die Nikon bereits in der F und F2 verwendet hatte.

Brauchte man einen Mittenkontakt, mußte der Canon Blitzkuppler L auf den Spezialfuß geschoben werden, in dem er die Rückspulkurbel abdeckte. Der Blitzkuppler L nahm zwei Quecksilberzellen auf – eine für das CAT-System in Verbindung mit einem geeigneten Canon Blitzgerät, eine zweite zur Beleuchtung des

Lichteinlaßfensters bei Dunkelheit. Heute ist der Blitzkuppler L nur noch schwer zu finden.

Direkt hinter der Rückspulkurbel befand sich oben an der Rückseite der Kamera ein Schalter mit drei Stellungen. In der mit ON bezeichneten unteren wurde das Meßwerk eingeschaltet. In der mit OFF-FLASH bezeichneten mittleren war die Kamera abgeschaltet; diese Stellung diente auch für Blitzaufnahmen mit dem CAT-System. In der mit einem roten C bezeichneten oberen Stellung konnte die Batterie geprüft werden. Dies war etwas umständlich: Die Kamera mußte auf 1/2000 s und ISO 100/21° eingestellt werden. In Stellung C schwang die Meßnadel dann bei ausreichender Spannungsabgabe der Batterie auf einen kleinen Prüfindex im Sucher. Ein Problem hierbei war, daß man den Schalter leicht versehentlich auf C stehen lassen konnte, wobei die Batterie innerhalb weniger Stunden erschöpft war. Ferner mußte der Belichtungsmesser stets wieder ausgeschaltet werden, weil auch dies sonst zur Entladung der Batterie geführt hätte.

An der rechten Vorderseite der F-1 befand sich ein Mehrzweckhebel mit denselben Funktionen wie an der FTbN. Ein Druck in Richtung Objektiv führte zur Abblendung. Einstellung des kleinen Hebels darunter auf L gestattete die Verriegelung der Blende auf Arbeitsöffnung. In Stellung M wurde der Spiegel hochgeklappt und arretiert. Eine Drehung des großen Hebels nach rechts spannte den Selbstauslöser. Dieser

wurde mit dem Auslöser in Gang gesetzt.

Die Rückwand wurde durch Druck auf einen kleinen Sicherheitsknopf und Anheben des Rückspulknopfes nach rechts aufgeklappt. Im Rückwandscharnier befand sich oben rechts ein kleiner Stift; durch Druck auf diesen konnte die Rückwand abgenommen werden. So ließ sich beispielsweise das Großraummagazin 250 ansetzen.

Für automatischen Filmtransport ließ sich der Motorantrieb MF an die F-1 ansetzen. Für heutige Verhältnisse mag es seltsam klingen, daß man hierzu die Bodenplatte der F-1 abnehmen mußte. Canon sah Kamera und Motor jedoch nach dem Ansetzen als eine Einheit. Der Motorantrieb MF hatte einen sehr kräftigen Handgriff an der Vorderseite,

mit eigenem Auslöser. Dieser Griff konnte abgenommen und über Kabel mit dem Motorantrieb verbunden werden. Die Höchstgeschwindigkeit des Motorantriebs MF betrug 3,5 B/s, und das war für die meisten Zwecke ausreichend.

Es gab noch einen weiteren Motorantrieb, und zwar die Ausführung MD. Dieser hatte einen Handgriff mit Auslöser an der Unterseite des Motors. Er war für den Einsatz mit einer externen Spannungsquelle konstruiert und erreichte maximal 3 B/s. Seine Konstruktion prädestinierte ihn für stationären, überwiegend wissenschaftlichen Einsatz, zumal er auch eine eingebaute Zeitschaltuhr besaß.

Später führte Canon den Power Winder FN als Antwort auf den kleinen Motor Topcons ein. Er ging bis

Die Canon F-1n. Sie trug die alte Typenbezeichnung, ist jedoch leicht am Kunststoffgriff des Schnellschalthebels erkennbar. Das abgebildete Exemplar ist dunkeloliv lackiert. Mit freundlicher Genehmigung von Jack Naylor.

zu 2 B/s und war wesentlich kleiner und leichter als die ausgewachsenen Motorantriebe.

Im Jahre 1976 überarbeitete Canon die F-1 geringfügig mit der Canon F-1n. Dieses Modell ist in keiner Weise abweichend gekennzeichnet, jedoch leicht an dem Kunststoffgriff des Schnellschalthebels erkennbar. Der Original-Schnellschalthebel der F-1 bestand aus einem Gußteil. Außerdem trug die F-1n eine Filmmerkklemme auf der Rückwand, in die eine Lasche der Filmschachtel geschoben werden konnte. Diese Kamera wurde etwa zur selben Zeit eingeführt wie die neueren FDn-Objektive, bei denen der verchromte Klemmring entfiel. Alles Zubehör ist voll mit beiden Ausführungen der F-1 einsetzbar.

Normalerweise wurde die F-1 nur in Schwarz angeboten. Eine Ausnahme gab es jedoch. Anfang 1978 wurde eine limitierte Serie von 2000 F-1n in militärisch-dunklem Olivgrün speziell für Militärfans und Sammler in Japan aufgelegt. Mit Ausnahme der Farbe waren diese Kameras völlig normale F-1n und erhielten auch keine spezielle Typenbezeichnung. Sammler haben sie die ODF-1 getauft (Olive Drab F-1).

Für die Olympischen Spiele in Montreal wurde eine Gedenkversion angeboten, die mit der normalen F-1 identisch war und lediglich das olympische Emblem trug.

Anmerkung: Bei Drucklegung stehen Quecksilberzellen aus Gründen des Umweltschutzes auch in Europa vor dem Verbot durch den Gesetzgeber. Das heißt, daß es dann keine brauchbare Spannungsquelle für die Original-F-1 und andere Canon Kameras mehr geben wird, die für Batterien vom Typ PX625/PX13 konstruiert waren. Alkalizellen gleicher Größe passen zwar, ergeben jedoch Meßfehler und lassen sich wegen zu großer Spannungsschwankungen nicht kalibrieren. Wie die meisten Kameras ihrer Tage, besaß auch die Original-F-1 keinen Spannungsregler innerhalb des Meßsystems. Für die gewünschte Genauigkeit sorgte die hohe Spannungskonstanz der Quecksilberzellen 1,35 V.

Elektronische Canon Kameras

Die A-Kameras

Man mag argumentieren, daß Canons erste elektronische Kamera die EF war. Trotzdem wurde sie nicht diesem Kapitel zugeordnet, denn erstens besaß sie einen elektromechanischen Hybridverschluß, der weder von Canon konstruiert noch gebaut wurde, und zweitens wurde ihre Konstruktion zur Sackgasse, die offensichtlich nur wenig Einfluß auf die wirklich elektronischen Kameras hatte, die folgten. Vielleicht hätte man ihr sogar ein eigenes Kapitel widmen sollen.

Wie dem auch sei, 1976 führte Canon eine Kamera ein, die zum einmaligen Meilenstein werden sollte – die Canon AE-1. Alle früheren Canon Kameras waren relativ groß und schwer gewesen, ganz aus Metall gefertigt und hatten bis zur EF sogar etwas an Größe zugenommen. Im Jahre 1973 hatte Olympus völlig neue Maßstäbe gesetzt mit seiner winzigen M-1 (die nach dem Einspruch von Leitz gegen das »M« schnell in OM-1 umbenannt wurde). Auch Fuji hatte fotografisches Kapital aus der Kompaktheit und dem geringen Gewicht seiner ST 701 und anderen ST-Kameras geschlagen. Und so pfiffen es die Spatzen von den Dächern, daß große, voluminöse und schwere Kameras alles andere waren als der letzte Schrei. Kleiner war besser, und über Nacht mußten die Konstrukteure umdenken und Überstunden machen, um ihre Neuentwicklungen abzumagern.

Wie alle anderen, wurde auch Canon vom Verkaufserfolg der Olympus OM-1 überrascht, und man begann die Entwicklung einer eigenen neuen Generation von Kameras, bei denen Kompaktheit im Vordergrund stand. Die erste dieser neuen, kleineren Canon SLR-Kameras war die AE-1. Sie war nicht nur klein und leicht, sondern konnte auch mit vollelektronischer Steuerung ihres recht traditionellen Seidentuchverschlusses aufwarten.

Eine weitere neue Entwicklungsrichtung begründete Topcon mit der Einführung des ersten kompakten Winders für seine Super-DM. Seit Jahren schon gab es Motorantriebe für Profikameras, doch diese waren groß und schwer und fraßen Batterien. Der Topcon Winder war winzig, arbeitete mit vier Mignonzellen und kostete nicht viel. Zum erstenmal kam auch der Nichtprofi in den Genuß des motorischen Filmtransports, selbst wenn er auf die hohen Bildfolgezeiten »echter« Motorantriebe verzichten mußte. Die Unterscheidung zwischen den Motorantrieben für den Profi und den Windern für den Amateur bildete sich mit Einführung des Topcon Winders heraus, und sehr bald begann das Amateurlager Winder für seine Kameras zu fordern. Mit dem Winder für die AE-1 bot Canon seinen ersten Winder für eine preisgünstige Kamera an.

Die AE-1 zeichnete sich durch eine völlig neuartige Konstruktion aus. Ihr Gehäuse war aus einer Leichtmetall-Legierung gegossen, die Grundplatte aus Messing gestanzt. Soweit

Canons erste vollelektronische Kamera, die Canon AE-1. Mit freundlicher Genehmigung von KEH Camera Brokers.

Eine Canon AE-1 in relativ seltener, schwarzer Ausführung.

war das noch recht traditionell. Die Deckkappe jedoch bestand aus einem leichten Druckgruß-Kunststoffteil, das zur Verstärkung mehrfach beschichtet und schließlich verchromt wurde. Dadurch konnte Canon eine sehr komplex geformte Deckkappe verwenden, ohne ein so aufwendig geformtes Teil aus Metall stanzen zu müssen. Diese Verbundstoffkappe war leichter als Metall und trotzdem äußerst widerstandsfähig. Die Konstruktion erwies sich also so vorteilhaft, daß sie inzwischen bei fast allen Canon SLR-Kameras eingesetzt wird.

Wenn man eine AE-1 zum erstenmal von innen sah, bot sich eine Menge Neues. So waren die Zahnräder sämtlich aus Nylon oder anderen Kunststoffen, und sie wurden von Sprengringen auf der jeweiligen Welle gehalten statt der üblichen Schrauben. Dies war sehr ungewohnt, und man fragte sich, ob das wohl gutgehen würde. Nun, es ging gut! Heute ist diese Bauweise selbstverständlich, denn sie hat sich als sehr dauerhaft erwiesen.

Anders war es beim Auslöser, bei dem ein Permanentmagnet von einem Elektromagneten entgegengesetzter Polarität umgeben war. Hier zeigte sich, daß leicht Staub und Fremdkörper auf die Magnetfläche gelangen konnten. Canon löste das Problem sehr schnell, indem der Magnet mit einem durchsichtigen Polyäthylenschutz versehen wurde. Diese Konstruktion wurde später noch mindestens einmal verbessert. Wie sich in der Praxis zeigte, war dieser Magnet tatsächlich der einzige schwache Punkt der Kamera.

Beim Auslöser der AE-1 handelte es sich um einen elektrischen Schalter. Angetippt, d.h. bis zum Druckpunkt gedrückt, schaltete er die Kamera-Elektronik ein. Erst ein voller Druck führte zur Auslösung. Dies geschah mit Hilfe des erwähnten Magneten. Das Funktionsprinzip ist relativ einfach. Beim Spannen der Kamera werden die Verschluß- und Spiegelfedern gespannt und von einem kleinen Hebel festgehalten. An einem Ende dieses Hebels befindet sich eine angelenkte Eisenstange.

Beim Spannen der Kamera wird diese Stange nach oben an die Fläche des Permanentmagneten gedrückt, wo sie vom Magnetfeld gehalten wird. Beim vollen Druck auf den Auslöser schließt dieser einen Schalter, über den die Batteriespannung an eine Spule um den Permanentmagneten angelegt wird. Dadurch wird diese Spule zu einem Elektromagneten entgegengesetzter Polarität und neutralisiert das Magnetfeld des Magneten. Folglich werden die Stange und der Hebel freigegeben, und eine Feder zieht sie vom Magneten ab, während das andere Ende des Hebels die Spiegelfedern ausklinkt. Daraufhin wird der Spiegel durch Federkraft hochgeklappt und dort verriegelt; ein Hebel am Spiegelmechanismus löst den Verschluß aus. Damit ist sichergestellt, daß der Verschluß erst ablaufen kann, wenn der Spiegel aus dem Weg ist. Die Zeitensteuerung erfolgt durch einen zweiten Haltemagneten, der den zweiten Verschlußvorhang auf einen entsprechenden Steuerimpuls hin freigibt. Sobald der zweite Vorhang voll geschlossen ist, gibt ein auf seiner Trommel sitzendes Zahnrad die Spiegelverriegelung frei, so daß der Spiegel in seine Normalstellung herunterklappen kann.

Äußerlich ist die Kamera sehr einfach gehalten. Der Schnellschalthebel ist konzentrisch zum Verschlußzeitenrad angeordnet, das ebenso groß ist wie in der EF und gleichfalls ein wenig über die Vorderkante vorsteht. Neben dem Verschlußzeitenrad liegt der Auslöser, unter dem sich ein konzentrischer Hebel befindet. Für Normalbetrieb muß sich dieser in Stellung 9 Uhr befinden. Auf Stellung 8 Uhr zurückgeschoben, verriegelt er den Auslöser, so daß eine versehentliche Auslösung unmöglich ist. Wird er nach vorn in Stellung 12 Uhr gebracht, aktiviert er den elektronischen Selbstauslöser. Die Selbstauslöser-LED ist so neben dem Auslöser angebracht, daß sie von dem Hebel in seiner Normalstellung verdeckt wird. Der Selbstauslöser wird durch Druck auf den Auslöser gestartet und führt nach zehn Sekunden zum Verschlußablauf.

Während dieser zehn Sekunden blinkt die rote LED zur Kontrolle.

Auf der linken Seite der Deckkappe befindet sich der übliche Rückspulknopf mit ausklappbarer Kurbel. Daneben, zwischen ihm und dem Prisma, ist ein großer Batterieprüfknopf angeordnet.

Die einzigen weiteren Bedienungselemente befinden sich in Form zweier Tasten links vom Spiegelkasten. Die obere verlängert die Belichtung um 1,5 Blenden, damit das Hauptobjekt bei starkem Gegenlicht nicht zu dunkel kommt. Die untere dient zur Einschaltung des Meßsystems, wenn mit der rechten Hand das Verschlußzeitenrad betätigt werden soll. Müßte man hierbei den Auslöser antippen, wäre das außerordentlich unbequem.

Seltsamerweise bietet die Kamera keine Möglichkeit der Belichtungsspeicherung. Dies war bestenfalls mit Hilfe des Selbstauslösers möglich, doch alles andere als praktisch. Aber die AE-1 war als reine Amateurkamera konzipiert, und vielleicht hätte der Amateur mit einer Spei-

chertaste gar nichts anzufangen gewußt.

Andererseits besaß die AE-1 einen Abblendschieber links vom Spiegelkasten. Jedoch war eine Kontrolle der Schärfentiefe auf der Einstellscheibe nur möglich, wenn die Kamera nicht auf Automatik stand – und dies war für den Anfänger noch verwirrender. Erstaunlicherweise wartete die AE-1 mit einem Blitzkontakt an der Vorderseite sowie einem Mittenkontakt im Zubehörschuh auf dem Prismengehäuse auf.

Dieser Zubehörschuh wies übrigens im hinteren Bereich zwei zusätzliche Kontakte auf, deren Stellung nicht mit denen an früheren Canon SLR-Kameras übereinstimmten. Sie waren nämlich nicht für die CAT-Blitzautomatik bestimmt, sondern für eine völlig neue Art von Blitz, das Speedlite 155A. Wurde dieses Gerät auf die AE-1 gesetzt und eingeschaltet, so schaltete es die Kamera automatisch auf die Synchronzeit (1/60 s) und die entsprechende Arbeitsblende am FD-Objektiv. Hier verwendete Canon zum ersten mal

Die Canon AT-1, eine vereinfachte AE-1. Mit freundlicher Genehmigung von Michael Pritchard, F.R.P.S.

Canon A-1, die erste Canon SLR, die sowohl Blenden- als auch Zeitautomatik bot.

ein sogenanntes Systemblitzgerät, das alle seine Möglichkeiten nur in Verbindung mit bestimmten Kameras ausspielen kann.

Obgleich Canon mit einigen Konstruktionsmerkmalen der Blitzinnenmessung experimentierte und auch einige Patente hierfür erhielt, setzte man diese Blitztechnik nicht ein. So ist das Speedlite 155A ein normales automatisches Blitzgerät, dessen Blitzleistung allein auf dem reflektierten Licht basiert, das ein Sensor an der Vorderseite des Geräts empfängt.

So wichtig die Neuigkeit eines Systemblitzgeräts auch war, sie wurde etwas in den Schatten gestellt von dem zweiten Hauptzubehör für die AE-1, dem Winder A. Dieser Kleinmotor ließ sich an die Unterseite der Kamera anklemmen, nachdem man einen kleinen Schraubdeckel entfernt hatte. Der Deckel konnte unter einer Federklemme auf der Oberseite des Winders aufbewahrt werden. Der

Winder wurde in das Stativgewinde der Kamera geschraubt. Er stellte zwar keine Schnelligkeitsrekorde auf, doch immerhin befreite er den Fotografen davon, die Kamera zum Filmtransport vom Auge nehmen zu müssen, wie es zuvor bei fast allen Kameras ohne Winder erforderlich war. So konnte man sich ohne Unterbrechung auf das Motiv konzentrieren – was für viele heute selbstverständlich ist, war damals eine begeisternde Neuheit. Bei kürzeren Zeiten als 1/30 s schaffte der Winder zwei Bilder in der Sekunde.

Die AE-1 war ein solcher Erfolg, daß insgesamt mehr Exemplare dieses Modells gefertigt und verkauft wurden als alle früheren Sucher- und Reflexkameras Canons zusammen. Bis zum Auslaufen der Produktion wurde über eine Million Canon AE-1 gebaut.

Bei der ein Jahr nach der AE-1 1977 eingeführten Canon AT-1 handelte es sich im wesentlichen um ei-

ne abgespeckte AE-1 zu einem noch günstigeren Preis. Ihr einziger Unterschied zur AE-1 war, daß sie keine Belichtungsautomatik bot und sich statt dessen auf manuelle Nachführmessung beschränkte. Alles Zubehör für die AE-1 war auch mit der AT-1 einsetzbar, so daß sich dieses Modell als Zweitkamera und Einsteigermodell anbot.

Im Jahre 1978 setzte Canon einen weiter Meilenstein mit der Einführung der A-1. Sie war ein Multi-Automat, mit Zeit- und Blendenautomatik, manueller Einstellung und etwas völlig Neuem, das man als Programmautomatik bezeichnete.

Rollei hatte die Gemüter 1974 mit der Ankündigung erhitzt, daß eine kommende SL 2000 außer Handeinstellung auch Blenden- und Zeitautomatik bieten würde. Als die Kamera jedoch 1978 als Versuchsmuster auf der photokina gezeigt wurde, fehlte ihr die Doppelautomatik, weil man die hohen Kosten scheute, das Rollei Bajonett so umzukonstruieren, daß es auch Blendenautomatik erlauben würde. So wurde die Minolta XD-7, die kurz vor der Canon A-1 als Multi-Automat auf den Markt kam, zum ersten serienmäßigen Multi-Automaten.

Die A-1 war durchaus profitauglich und wurde nur in Schwarz angeboten. Auf der rechten Oberseite erinnerte nichts an frühere Kameras. Gerade der Schnellschalthebel und der Auslöser fanden sich an der gewohnten Stelle. Danach war alles anders. Ein Ring um den Auslöser ist auf »Av« bzw. »Tv« einstellbar. Dies sind Canons Abkürzungen für »Aperture value« (Japanesisch für Zeitautomatik) und »Time value« (Japanesisch für Blendenautomatik). In Stellung Tv erscheinen in einem Fenster zur Linken Verschlußzeiten. Dann wirkt das unter dem Auslöser aus der Vorderkante der Kamera herausragende Rändelrad auf die Verschlußzeiten. Das Rad kann zur Sicherung bei Nichtbenutzung durch einen Schieber verdeckt werden.

Bei Einstellung auf Av wird die Verschlußzeitenskala im Fenster durch eine Blendenskala ersetzt. Die Einstellung erfolgt wiederum mit dem genannten Rändelrad.

Nach der Stellung für 1/1000 s folgt auf der Verschlußzeitenskala ein P. In dieser Stellung steuert die Kamera in Programmautomatik sowohl Zeit als auch Blende automatisch. Für sämtliche Betriebsarten muß der Blendenring in der Automatikstellung verriegelt sein.

Zur Handeinstellung wird die Kamera auf Tv gestellt und der Blendenring aus der Automatikstellung gedreht.

Konzentrisch zum Schnellschalthebel sind zwei kleine Hebel angebracht, von denen einer nach vorn, ein zweiter nach hinten zeigt. Der nach hinten zeigende kuppelt – nach rechts geschoben – den Transportmechanismus für Mehrfachbelichtungen aus. So ist theoretisch jede beliebige Anzahl Belichtungen auf einem Filmstück möglich, solange der

Hebel nach jeder Belichtung neu eingestellt wird. (Zur Vermeidung von Fehlern stellt er sich nach jeder Belichtung selbsttätig zurück.)

Der nach vorn zeigende Hebel hat eine quadratische Aussparung, mit der verschiedene Gravuren auf der Deckkappe eingestellt werden können. Ein A steht dabei für Normalbetrieb. Rechts davon bezeichnet ein L die Ausschaltstellung der Kamera. Im Uhrzeigersinn folgen zwei Zahlen, 2 und 10. Diese stehen für die Vorlaufzeit des Selbstauslösers (2 s bzw. 10 s).

Rechts neben dem Auslöser befindet sich eine LED (Leuchtdiode), die beim Ablauf des Selbstauslösers blinkt. Außerdem leuchtet sie beim Druck auf den Batterieprüfer links vom Prisma bei ausreichender Batteriespannung auf.

Auf der linken Oberseite befinden sich der große Rückspulknopf mit Kurbel, darunter die Filmempfindlichkeitseinstellung. Der Einstellbereich ist mit 6 – 12.800 ASA sehr groß. Die Einstellung erfolgt durch Anheben und Drehen des Rings. Dieselbe Einstellung dient gleichzeitig zur Belichtungskorrektur. Hierzu werden ein Freigabeknopf neben dem Rändelrad gedrückt und das Rad gedreht, bis sich der gewünschte Korrekturfaktor gegenüber einem Index zur Rechten befindet. Die Gravuren sind ein wenig seltsam und verwirrend, denn es werden keine Blendenstufen angegeben, sondern Belichtungsfaktoren. Bei Einstellung auf 2 ergibt sich somit eine Belichtungsverlängerung um eine Blendenstufe, bei Einstellung von 4 um zwei Stufen. Stellen Sie 1/2 ein, ergibt sich eine um eine Stufe knappere Belichtung, bei 1/4 eine um zwei Stufen knappere. Die Einstellung ist in Drittelstufen möglich.

Die einzigen weiteren Bedienungselemente befinden sich an der linken Vorderseite der Kamera. Ein Schieber mit Verriegelung dient zur Abblendung und Schärfentiefenkontrolle mit FD-Objektiven bzw. für Arbeitsblenden-Zeitautomatik und

Arbeitsblendenmessung mit FL-Objektiven und ungekoppeltem Zubehör. Wie alle Canon Kameras der A-Reihe ist auch die A-1 für eine einzige 6-Volt-Batterie konstruiert, die in der rechten Vorderseite der Kamera Platz findet. Nachdem die A-Kameras einen rein elektrischen Auslöser besitzen, sind sie ohne Batterie »mausetot«. Deshalb empfiehlt es sich, beim Fotografieren mit einer solchen Kamera stets eine Ersatzbatterie bereitzuhalten.

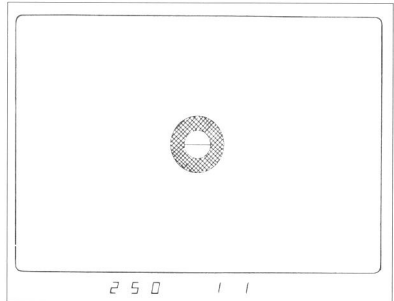

Sucher der Canon A-1

Über dem Abblendschieber befindet sich eine Taste, die für die Dauer des Drucks die Belichtung speichert.

Die Canon A-1 war die erste Canon Kamera mit digitaler Sucheranzeige sowohl der Verschlußzeit als auch der Blende in Form von Leuchtdioden unter dem Sucherbild. Eine äußere Anzeige gab es nicht. Die erste Kamera mit digitaler Sucheranzeige war die Fuji ST 901, die als großer Fortschritt begrüßt wurde. Canon verwendete helle, rote LEDs im Sucher der A-1, die bei allen normalen Beleuchtungsverhältnissen einwandfrei ablesbar sind. Die Einstellscheibe der A-1 konnte nur vom Canon Kundendienst ausgewechselt werden.

Die Bodenplatte der Canon A-1 war identisch mit jener der AE-1, so daß der Winder A angesetzt werden konnte. Da die A-1 sich eher an den anspruchsvollen Fotografen wandte, lieferte Canon auch einen speziellen Motorantrieb, das Modell MA. Er war recht kompakt, mit einem Handgriff mit Auslöser, der bequem vor der Kamera lag. Das Batterieteil an der Unterseite des Motors war jedoch durch volle zwölf Mignonzellen recht schwer. Der Vorteil des Motors war seine hohe Bildfrequenz: bis zu 5 B/s. Alternativ stand ein leichteres, wiederaufladbares NC-Teil zur Verfügung, mit dem bis zu 4 B/s möglich waren.

Zusammen mit der A-1 eingeführt wurde das Canon Speedlite 199A, ein weiteres Systemblitzgerät für die A-Kameras. Auf kurze Abstände konnte es sogar mit dem Motorantrieb Schritt halten.

Auf der Basis desselben Gehäuses und der Innenkonstruktion der AE-1 fiel es Canon leicht, das Thema A-Kamera zu variieren. Die AV war die erste Canon Kamera, die ausschließlich Zeitautomatik bot. Als manuelle Zeiten standen nur 1/60 s für Blitz und B für Langzeitbelichtungen zur Verfügung. Die Kamera wandte sich

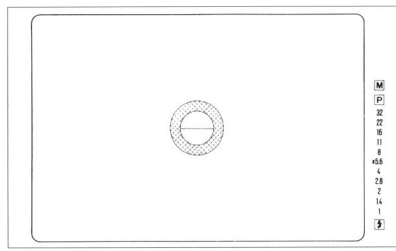

Sucher der Canon AE-1 Program

offensichtlich ausschließlich an Anfänger und wurde zu einer guten Einführung in die A-Reihe.

Eine weitere Variation des Themas war die 1981 eingeführte Canon AE-1 Program, eine Verbesserung der AE-1. Sie war mit der AE-1 identisch, bot jedoch zusätzlich Programmautomatik wie die A-1 sowie auswechselbare Einstellscheiben.

Die 1982 eingeführte Canon AL-1 war die letzte der Variationen des Themas A-Kamera. Im wesentlich war sie mit der AT-1 identisch. Lediglich besaß sie ein neuartiges elektronisches Entfernungsmeßsystem unter Verwendung einer Sucher-LED. Sie wurde zum Vorläufer des in der T80 verwendeten Autofokus-Systems und war ein wichtiger Schritt auf dem Weg zur Entwicklung und Vervollkommnung der automatischen Scharfeinstellung im Hause Canon. Leider funktionierte die Entfernungsmessung nicht mit allen Objektiven oder bei allen Lichtverhältnissen. Trotzdem verkörperte die Kamera bedeutenden technischen Fortschritt und wies den Weg in die Zukunft.

Canon AV-1. Mit freundlicher Genehmigung von KEH Camera Brokers.

Die elektronische Neue F-1

Ende 1970 war die Zeit der Canon F-1 und F-1n abgelaufen. Als rein mechanische Kameras waren sie im Zeitalter der Elektronik zu Anachronismen geworden. Canon und seine Anhänger schätzten das Gesamtkonzept des F-1-Systems, doch man erkannte, daß eine neue Konstruktion angesagt war. In Kapitel 7 über Canon Prototypen finden Sie ein Versuchsmuster der neuen Kamera, die die Original-F-1 ablösen sollte. Diese neue Kamera wurde 1981 eingeführt und damals als Neue F-1 bezeichnet. Später wurde die Bezeichnung auf das bereits eingeführte F-1 verkürzt, was bei Canon Kunden und Interessenten zu einiger Verwirrung führte. Wenn man sich allerdings vor Augen hält, daß alles speziell für diese Kamera entwickelte Zubehör den Zusatz »FN« trägt, werden die Dinge transparent. Mit Ausnahme der Objektive und des Sucherzubehörs ließ sich kein Zubehör der alten F-1 und F-1n an der neuen Kamera verwenden.

Diese letzte F-1 hat weit mehr mit den Canon A-Kameras gemein als mit der ursprünglichen F-1. Wie die A-Kameras besitzt sie einen elektronisch gesteuerten Schlitzverschluß, der im Gegensatz zu diesen allerdings keine Tuchvorhänge aufweist, sondern solche aus Titanfolie. Bei diesem Verschluß handelt es sich um eine Hybridkonstruktion, bei der die kurzen Zeiten von 1/2000 s bis 1/125 s und X sowie B mechanisch gesteuert werden, die langen Zeiten von 1/60 s bis 8 s hingegen elektronisch. Dies bedeutet, daß ein Batterieausfall nur die Zeiten unter 1/60 s lahmlegt – eine wertvolle Lebensversicherung für den hart arbeitenden Profi. In diesem Fall muß jedoch die Batterie entnommen werden, damit die mechanischen Zeiten wirksam werden.

Die Neue F-1 enthält zwei getrennte ICs. Einer wirkt als Analog-

Oben: Canon AL-1. Dieses Modell besaß ein neuartiges elektronisches Entfernungsmeßsystem. Sie wurde zum ersten Schritt auf dem Weg zur Entwicklung der Canon Autofokus-Systeme. Mit freundlicher Genehmigung von KEH Camera Brokers.

Unten: Die elektronische Neue F-1 mit serienmäßigem Prismensucher FN. Mit freundlicher Genehmigung von KEH Camera Brokers.

Die Neue F-1 mit Automatik-Sucher FN, der auch Zeitautomatik zuläßt. Das abgebildete Exemplar ist mit dem Emblem der Olympischen Spiele in Los Angeles 1984 graviert.

verstärker und steuert das Meßsystem. Beim zweiten IC handelt es sich um ein Digitalsystem, das die Verschlußzeit, den elektromagnetischen Auslöser, den Selbstauslöser und die Sucheranzeige steuert. Die Kamera ist mit einem für ihre Zeit sehr fortschrittlichen Selbstdiagnosesystem ausgerüstet, das jeden Schritt der Belichtungsmessung und Belichtung prüft, bevor es den nächsten freigibt. Dies geschieht in drei Stufen: vor dem Druck auf den Auslöser, nach dem Druck auf den Auslöser und vor dem Filmtransport.

Die Kamera wurde entweder mit dem normalen Prismensucher FN oder wahlweise mit dem Automatik-Sucher FN geliefert. Mit dem normalen Prismensucher stehen Offenblenden- und Arbeitsblendenmessung

zur Verfügung. Der Automatik-Sucher FN bietet außerdem Zeitautomatik und Arbeitsblenden-Zeitautomatik. Blendenautomatik kann durch Hinzunahme eines Motorantriebs FN oder eines Power Winders FN »nachgerüstet« werden.

Außer den beiden vorgenannten entwickelte Canon drei weitere interessante Wechselsucher für die Neue F-1. Beim ersten handelt es sich um den optischen Sportsucher FN, der dem optischen Sportsucher der älteren F-1 ähnelt und sowohl Aufsichts- als auch Durchsichtsbetrachtung gestattet. Der Lichtschachtsucher FN ist ein einfacher Klappsucher mit ausklappbarer 4,6x-Lupe. Der fünfte Sucher, schließlich, ist der Lupensucher FN-6X zur vergrößerten Betrachtung des Sucherbildes, mit Dioptrienein-

stellung von -5 bis +3 dpt. Die letztgenannten drei Sucher gestatten nur manuelle Belichtungsmessung sowie – bei Ausrüstung der Kamera mit einem Motorantrieb FN oder Power Winder FN – Blendenautomatik.

Das Gehäuse der Neuen F-1 ist eines der stabilsten, das je gebaut wurde. Es schützt die Kamera hervorragend vor Stößen und Beschädigung und ist an allen neuralgischen Punkten durch Gummi- und Kunststoffdichtungen gegen Staub und Schmutz gesichert. Im Profi-Einsatz hat die Neue F-1 eindeutig bewiesen, daß eine elektronisch gesteuerte Kamera ohne weiteres der Beanspruchung im Berufsalltag gewachsen ist. Die Kamera wurde auf mindestens 100.000 Belichtungen ausgelegt und hat bewiesen, daß sie von -30°C bis +60°C einsatzfähig bleibt – ein eindrucksvoll großer Bereich. Wenngleich die Neue F-1 nach mehr als zwölf Jahren der Fertigung schon etwas betagt ist, ist sie nach wie vor lieferbar, wenngleich sie nicht mehr gefertigt wird.

Die Canon T-Kameras

Nach der langen Laufzeit und dem großen Erfolg der A-Kameras mußte sich Canon etwas Neues einfallen lassen. Nachdem Rollei mit der SL 2000F die erste SLR der Welt mit eingebautem Motorantrieb und ohne manuellen Filmtransport eingeführt hatte, nahmen die anderen Kamerahersteller zunächst eine abwartende Haltung ein. Wahrscheinlich dachten sie, daß die Benutzer noch nicht genügend Vertrauen zu Mikromotoren hatten und daß sich Berufsfotografen einer Kamera ohne Möglichkeit des manuellen Filmtransports widersetzen würden.

Konica folgte dem Beispiel Rolleis als erster Hersteller und brachte seine FS-1 sogar zur Serienreife, noch bevor es Rollei schließlich gelang, die SL 2000F auf den Markt zu bringen. Die Konica FS-1 wurde 1979 eingeführt und hatte recht guten Erfolg. Sie bot motorischen Filmtransport und automatische Filmeinfädelung. Canon erkannte, daß Konica auf dem rechten Weg war und die FS-1 gut ankam. So begann man mit der Entwicklung einer ähnlichen Kamera. Die erste Kamera der neuen Baureihe war die Canon T50, die 1983 eingeführt wurde. Wie die Konica FS-1 besaß sie einen eingebauten Filmtransportmotor und verzichtete auf manuellen Filmtransport. Außerdem kehrte Canon mit ihr zum Schnelladesystem zurück, das in diesem Fall aus einer einfachen Rollenkonstruktion bestand, die sich jedoch gut bewährte.

Die T50 ist eine recht einfache Kamera mit einer einzigen Belichtungsfunktion – Programmautomatik. Sie gestattet keinerlei manuelle Einstellung. Ihr einziges Bedienungselement ist ein in die Deckkappe eingelassener Knopf mit den drei Einstellungen PROGRAM, SELF und BC. SELF ist die Einstellung für Selbstauslöser, BC für die Batterieprüfung.

Die Canon T60 sieht keiner der Canon T-Kameras ähnlich, und das hat seinen guten Grund. Canon stellte sie nicht her. Diese Ende 1990 eingeführte Kamera wurde von Cosina gebaut und ist im wesentlichen mit jenen Kameras identisch, die Cosina damals für Vivitar baute. Einziger Unterschied ist das K-Bajonett der Vivitar Kameras, während die Canon T60 ein Canon FD-Bajonett

Die Canon T50, eine einfache Kamera, die ausschließlich Programmautomatik bietet. Mit freundlicher Genehmigung von KEH Camera Brokers.

sie die erste mit einem LCD-Monitor auf der Oberseite, der einen Überblick über alle wichtigen Aufnahmedaten gab, sowie mit Tasten anstelle der üblichen Knöpfe und Einstellräder als Bedienungselemente. Sie bot Zeitautomatik, Blendenautomatik, Programmautomatik sowie Handeinstellung und wurde zum bevorzugten Aufnahmewerkzeug vieler Fotografen, sowohl im Amateur- als auch im Profilager. Wie bei der T50 handelte es sich auch bei der T70 um ein Verbundstoffgehäuse, bei dem ein inneres Metallgehäuse von einem Außengehäuse aus Polykarbonat umgeben wurde. Diese neuartige Konstruktion bot die Festigkeit von Metall, wo sie wichtig war (Justierung des Objektivs zur Filmebene, eine Ganzmetallkonstruktion), nutzte jedoch das wesentlich geringere Gewicht des Polykarbonats. Diese erfolgreiche Gehäusekonstruktion sollte ihren Weg bis hin zu den EOS-Kameras nehmen.

Die Canon T80 des Jahres 1985 war Canons erster Versuch mit einer Autofokus-SLR. Wenngleich heute weitgehend vergessen, hatte Canon

Canon T60

Unten:
Canon T70, die erste Canon mit Tastensteuerung statt der gewohnten Knöpfe und Räder sowie mit einem LCD-Monitor.

besitzt. Man spekulierte damals, daß Canon eine billige Kamera brauchte und zusätzlich einen Weg suchte, seine umfangreichen Lager an FD-Objektiven zu räumen, die wegen des großen Erfolgs der EOS-Autofokuskameras und der neuen EF-Objektive am Auslaufen waren.

Die T60 bot Zeitautomatik und manuelle Einstellung und war für alle FD-Objektive geeignet. Der Filmtransport erfolgte von Hand mit einem herkömmlichen Schnellschalthebel. Die T60 ist bei weitem nicht so gut verarbeitet wie »echte« Canon Kameras. Viele Exemplare hatten Lichteinfall an den Rändern der Rückwand zu verzeichnen. Die Kamera verschwand schnell wieder vom Markt, und man kann sich des Eindrucks nicht erwehren, daß sie Canon eher als ein unrühmliches Beispiel betrachtet.

Die T70 war die erste voll ausgestattete Canon T-Kamera. Auch war

Der erste Versuch Canons mit einer Autofokus-SLR, die Canon T80. Mit freundlicher Genehmigung der Canon Camera Company, Inc., Tokio.

funktionierende Prototypen von Autofokus-Kameras auf der photokina 1963 und 1964 vorgestellt (die photokina fand damals alljährlich statt). Bei diesen ersten Versuchen handelte es sich um zweiäugige Konstruktionen: Ein Objektiv diente für das Autofokus-System, das zweite zur Aufnahme. Sie arbeiteten nach dem Phasenerkennungsprinzip mit CdS-Zellen, die für das AF-System sehr helles Licht erforderten, und führten in eine Sackgasse. Trotzdem konnte Canon damit wichtige Erfahrungen in der Autofokus-Theorie sammeln. Mitte der achtziger Jahre war jeder bedeutende Kamerahersteller mit Hochdruck an der Entwicklung von Autofokus-Konstruktionen, die meisten auf der Basis eines von Honeywell entwickelten Silicium-Chips zur Phasenerkennung. Die Canon Konstrukteure gingen jedoch ihren eigenen Weg. Anstatt zu versuchen, einen Motor im Kameragehäuse zur Scharfeinstellung mit den Objektiven zu kuppeln, versahen Sie jedes Objektiv mit einem eigenen Fokussiermotor. Dies hatten sie schon bei einigen experimentellen AF-Objektiven mit internen Strahlen-

teilern und Autofokus-Empfängern in FD-Fassung getan, die sich für die Verwendung mit Kameras mit FD-Bajonett eigneten. Diese Objektive hatten jedoch keinen großen Erfolg. (Weitere Einzelheiten hierzu im Objektivkapitel.)

In der T80 befand sich der Fokussiermotor in den Objektiven, das AF-Modul jedoch in der Kamera. Beide funktionierten sie als Einheit. Nachdem der Objektivanschluß neu und unterschiedlich war, ließen sich nur die speziellen AF-Objektive verwenden – und nur drei von ihnen wurden je angeboten. Das System war kein Erfolg, und die Kamera wurde im folgenden Jahr eingestellt. Heute ist die T80 recht selten.

Warum blieb der T80 der Erfolg versagt? Wahrscheinlich weil sie das Pech hatte, zur selben Zeit auf den Markt zu kommen wie die Minolta Dynax 7000. Verglichen mit der schlanken, handlichen Minolta wirkte die Canon grob und ungeschlacht. Vielleicht hat sie gut funktioniert, doch sie konnte nicht ankommen gegen die Minolta, die von der Fachpresse hochgejubelt wurde. Canon zog seine Lehren aus diesem Fiasko,

und als die EOS-Reihe 1987 auf den Markt kam, bestätigte der Erfolg die Richtigkeit der intensiven Bemühungen.

Anfang 1980 hatte Canon den berühmten Industrie-Designer Luigi Colani einige experimentelle Prototypen gestalten lassen. Dies war zum Teil »ernstgemeint«, zum anderen Teil jedoch gab es den Canon Designern die Gelegenheit, dem Meister über die Schulter zu schauen. Colani und sein Team entwarfen eine ganze Reihe von Prototypen, darunter eine als »Canon Frosch« bezeichnete Unterwasserkamera, einige sehr avantgardistische Kompaktkameras, eine Mittelformat-SLR und den Prototyp einer High-Tech Kleinbild-SLR-Kamera (weitere Details im letzten Kapitel). Dieser SLR-Prototyp ist es, der uns hier interessiert. Er hat sehr weiche Konturen und einen integrierten Handgriff. Damit kommt er recht nah an jene Kamera heran, die aus dieser Design-Zusammenarbeit hervorging, die Canon T90.

Die T90 erschien 1986, und sie war ein Paukenschlag. Sie war ein Multi-Automat in einem schlanken, schwarzen Gehäuse, das so gar nicht

Canon T90

aussah wie all das, was Canon oder die anderen Hersteller zuvor hervorgebracht hatten. Fotografen liebten oder haßten sie auf den ersten Blick. Wer sie jedoch in die Hand nahm, war des Lobes voll.

Rückblickend wird klar, daß die T90 das »Versuchskaninchen« für die meisten der in den EOS-Kameras verwendeten Bauteile war. Das Gehäuse ist im wesentlichen identisch, ebenso wie die Verschlußkonstruktion, die Motoren usw. Am stärksten ähnelt die T90 der EOS-1, was nicht verwunderlich ist, denn sie wurde von demselben Konstruktionsteam geschaffen.

Im Prinzip kommt die T90 mit zwei Bedienungselementen auf der linken Oberseite und einem Rändelrad aus, das im Griffbereich des rechten Zeigefingers liegt. Die vordere Taste steuert in Verbindung mit dem Einstellrad die Belichtungsfunktion. Hierfür stehen zur Verfügung: Blendenautomatik (Tv), Zeitautomatik (Av) Programmautomatik (P) und Handeinstellung (M). Die hintere Taste dient in Verbindung mit dem

Einstellrad zur Wahl der Meßcharakteristik: mittenbetonte Messung, teilselektive Messung und Spotmessung. Schon diese Charakteristika hätten die T90 zu einem unglaublich vielseitigen, professionellen Aufnahmewerkzeug gemacht, doch Canon ging noch viel weiter.

Die T90 konnte nicht nur Punktmessungen vornehmen, sondern auch Mehrfach-Punktmessungen mit Speicherung der Belichtungswerte. Durch eine Messung auf die Lichter und eine zweite auf die Schatten ließ sich der Kontrastumfang eines Motivs ermitteln und so feststellen, ob ihn der verwendete Film verarbeiten konnte. Beide Meßwerte wurden gleichzeitig grafisch im LCD-Monitor auf der Oberseite dargestellt. Auf Wunsch konnte die Kamera dann automatisch einen Mittelwert zur vollautomatischen Belichtung einstellen.

Doch nicht nur die Mittelung zwischen zwei Meßwerten war möglich. Bis zu acht Punktmessungen konnte die T90 zu einem einzigen Belichtungswert verarbeiten. So ließ sich die Belichtung sehr feinfühlig ge-

wichten, zumal sie obendrein durch zwei Tasten an der Rückseite zusätzlich nach oben oder unten verschoben werden konnte. Außerdem ließ sich ein Korrekturfaktor einstellen. Diese Vielfalt an Möglichkeiten zur Belichtungssteuerung war wahrscheinlich zu groß für die meisten Benutzer, denn kaum einer nahm mehr als zwei oder drei Punktmessungen vor. Vermutlich kam auch Canon zu dem Schluß, daß man hier einfach zu viele Möglichkeiten gelassen hatte, denn ein so vielseitiges Meßsystem wurde nie wieder angeboten.

Die T90 bot darüber hinaus eine Multi-Programmautomatik, mit der sich zum Beispiel beim Einsatz langer Brennweiten kurze Verschlußzeiten bevorzugen ließen oder aber kleine Blenden in Verbindung mit Weitwinkelobjektiven. In jedem Fall standen drei Variationen zur optimalen Anpassung des Programms an das Aufnahmeobjektiv und die Aufnahmeabsicht zur Verfügung.

Außer der hochgradigen Automation mit FD-Objektiven konnte die T90 mit Arbeitsblenden-Zeitautomatik eingesetzt werden, was die Verwendung von FL- und Canonflex-Objektiven sowie ungekuppelten Zubehörs wie Balgen, Zwischenringen, Mikroskopen, Telekonvertern usw. zuließ.

Die T90 besaß eine zusätzliche Meßzelle für die Blitzinnenmessung, was ihr in Verbindung mit dem Systemblitzgerät Speedlite 300TL enorme Vielseitigkeit verlieh. Außer dem normalen TTL-Betrieb gestattete diese Konstruktion die Nutzung von Canons spezieller A-TTL, bei der auch das vorhandene Licht in die Rechnung eingeht, so daß vollautomatisches Aufhellblitzen möglich wird.

Die T90 wurde zu einem großen Erfolg bei Profis und anspruchsvollen Amateuren und steht auch heute noch hoch im Kurs, obwohl sie nicht mehr gebaut wird. So läßt sich bei einem Verkauf noch ein sehr akzeptabler Preis erzielen.

Canon Schnellschuß-kameras

Canon hat zwei verschiedene Versionen einer Schnellschuß-SLR-Kamera gebaut. Die erste entstand 1972 und wurde bei den Olympischen Winterspielen in Sapporo eingesetzt. Sie gehört nicht direkt in dieses Kapitel, denn sie war nicht elektronisch. Der Einfachheit halber wollen

wir jedoch beide Kameras zusammen besprechen. Die erste basierte auf einem F-1-Gehäuse, bei dem jedoch der Titanverschluß durch einen Tuchverschluß ersetzt wurde, wie er in der FTb Verwendung fand. Statt des abnehmbaren Motors der F-1 war die Schnellschußkamera mit einem fest angesetzten Motorteil bestückt, das aus einem getrennten Batterieteil von 20 Mignonzellen versorgt wurde.

In dieser Kamera wurde die Aufnahmegeschwindigkeit durch Regelwiderstände variiert. Bis zu neun Bilder in der Sekunde waren möglich. Daß eine so hohe Bildfrequenz überhaupt möglich wurde, war dem Fehlen eines Schwingspiegels zuzuschreiben. Statt dessen war die Kamera mit einem feststehenden Pellicle-Spiegel ausgerüstet, ähnlich jenem in der Canon Pellix.

Ohne Batterieteil wog die Kamera 1.100 g. Das meiste F-1-Zubehör ließ sich mit ihr verwenden, und so wurde sie häufig mit dem Großraummagazin eingesetzt, denn ein Film zu 36 Aufnahmen wurde immerhin in vier Sekunden durchgezogen!

Im Januar 1984, gerade rechtzeitig zu den Olympischen Spielen in Los Angeles, stellte Canon seine zweite Schnellschußkamera vor. Diese basierte auf dem Gehäuse der Neuen F-1, besaß jedoch einen völlig anderen Verschluß aus horizontal ablaufenden Titanlamellen. Weil ein solcher Verschluß auch in geschlossenem Zustand stets etwas Licht durchläßt, befand sich ein zweiter Tuchverschluß vor dem Hauptverschluß. Dieser vertikal ablaufende Tuchverschluß öffnete sich vor Beginn einer Aufnahmefolge und schloß sich danach wieder.

Die Kamera war auf drei feste Bildfrequenzen einstellbar: 5, 10 bzw. 14 B/s sowie Einzelbilder. Auch sie war mit einem Pellicle-Spiegel ähnlich jenem der Pellix ausgerüstet.

Weil der Blendenmechanismus der FD-Objektive mit diesen Bildfrequenzen nicht Schritt halten konnte, mußte das Objektiv während der gesamten Bildfolge abgeblendet bleiben. Bei der ersten Ausführung geschah die Abblendung von Hand, bei der zweiten automatisch. Beim zweiten Modell war dies kein so großer

Die Canon Schnellschußkamera F-1 mit getrenntem Batterieteil.

Nachteil, denn die lasermattierte Einstellscheibe sorgte für ein trotzdem annehmbar helles Sucherbild.

Der zweiten Version der Schnellschußkamera diente ein Batterieteil mit zwei NC-Akkus S-12 für insgesamt 24 V als Spannungsquelle.

Keine der Schnellschußkameras wird mehr gebaut. Von der ersten Ausführung wurde eine, von der zweiten zwei Kleinserien hergestellt. Insgesamt belief sich die Produktion auf weniger als 200 Stück, womit diese Modelle zu den seltensten Canon Kameras zählen.

Die Schnellschußkamera Canon F-1 II.

Die EOS-Kameras

Canons erfolgreiche Autofokus-Kameras

Im Februar 1987 setzte Canon neue Maßstäbe mit der Einführung der Canon EOS 650. Sie wurde zum Vorläufer einer kompletten neuen Kamerareihe. Die Buchstaben EOS haben eine doppelte Bedeutung. Einmal sind sie die Abkürzung von Electro-Optical System, zum anderen stehen sie für Eos, die griechische Göttin der Morgenröte. So steht die Bezeichnung für den Beginn eines neuen Zeitalters der Fotografie und für eine Kamerareihe mit voll integrierter Optik und Elektronik.

Auf den ersten Blick ist der auffälligste Unterschied zwischen der EOS 650 und allem, was Canon zuvor produziert hatte, die neue Bajonettfassung. Canon hatte dem Drängen seiner Konstrukteure nachgegeben und einen neuen Objektivanschluß konstruiert, dessen großer Durchmesser die Schaffung sehr hochgeöffneter Objektive mit großen Hinterlinsen gestattete. Und weil man einmal dabei war, schnitt man auch all die alten Zöpfe in Form von Stiften, Hebeln und so weiter ab und schuf einen neuen Anschluß ohne jegliche mechanischen Übertragungselemente. Andere Hersteller hatten schon vorher elektrische Kontakte zur Übertragung gewisser Informationen von der Kamera auf das Objektiv genutzt (zunächst Praktika, dann Mamiya und schließlich weitere), doch dienten bei allen diesen Systemen noch mechanische Hebel oder Stifte zur Übertragung der Blendenbewegung. Canon war der erste Hersteller von Kleinbildkameras, der den gesamten Signalaustausch zwischen Kamera und Objektiv vollelektronisch vornahm und ei-

Canon EOS 650, die erste Kamera der EOS-Reihe.

Die EOS-Kameras

Das neue EOS-Bajonett

nen Blendenschließmotor in die Objektive einbaute. Auch das war an sich keine völlig neue Idee, denn Rollei hatte bereits 1973 in seiner Mittelformatkamera SLX einen elektrischen Anschluß verwendet, benutzte jedoch Schrittschaltmotoren in einer Art »gewaltsamen« Antriebs mit mechanischer Begrenzung. Das Canon System ist weitaus eleganter mit seinem Spezialmotor für die sehr präzise elektronische Steuerung der Blendenöffnung. Dadurch wird die Einstellung der Blende am Kameragehäuse möglich, und zwar in Drittelstufen und mit sehr guter Reproduzierbarkeit.

Doch Canon entschied sich nicht nur für die elektrische Betätigung der Blende, sondern man konstruierte auch verschiedene Arten winziger Elektromotoren zum Einbau in die Objektive als Fokussiermotoren. Die mit der T80 schon früh gesammelten Erfahrungen hatten Canon zu der Überzeugung gebracht, daß der Einbau der Motoren in die Objektive der richtige Weg war. Die Nähe des Motors an den zu betätigenden Teilen eliminierte den Kraftverlust durch Reibung und die Trägheit langer Übertragungswege. Darüber hinaus konnten die Leistung und das Drehmoment des Motors präzise den Erfordernissen des jeweiligen optischen Systems angepaßt werden. Bei Verwendung eines einzigen Motors für alle Objektive, wie dies bei der Konkurrenz überwiegend der Fall ist, muß dieser Motor oft lange Übertragungswege mittels Wellen und Getrieben überwinden, um seine Kraft dorthin zu bringen, wo sie gebraucht wird. Interessant ist in diesem Zusammenhang, daß Canons größter Konkurrent – Nikon – Canon Recht geben mußte und seine sehr langbrennweitigen Objektive auf Objektivmotoren umkonstruierte.

Bei den ersten EOS-Objektiven setzte Canon den sogenannten Bogenmotor (AFD) ein. Bei diesem handelte es sich lediglich um einen recht konventionellen, kleinen Gleichstrommotor, der bogenförmig aufgebaut war, um sich der Form des Objektivs anzupassen. Dieser Motor hatte den Vorteil niedriger Fertigungskosten und wurde bei den einfacheren Objektiven eingesetzt.

Für die teuren L-Objektive entwickelte Canon den Ultraschallmotor (USM). Dieser besteht aus zwei hochpräzisen Metallringen, von denen einer mit dem Objektivtubus verbunden ist, der andere mit dem Schneckengang. Die Ringe werden durch Federn fest aneinandergepreßt. Mit einem der Ringe verbunden ist ein piezoelektrischer Oszillator, der beim Anlegen einer Spannung Ultraschallschwingungen im Ring erzeugt. Diese Vibrationen erzeugen Schwingungen in den Ringen, deren Frequenz die speziell geformten Ringflächen zu einer gegenläufigen Bewegung veranlaßt, so daß sich der mit dem Schneckengang verbundene Ring dreht. Diese Drehung führt zur Fokussierung des Objektivs. USM-Objektive fokussieren schneller als AFD-Objektive, und sie arbeiten praktisch geräuschlos. Die vom Kristalloszillator erzeugten Frequenzen liegen weit über der Wahrnehmungsgrenze von Mensch

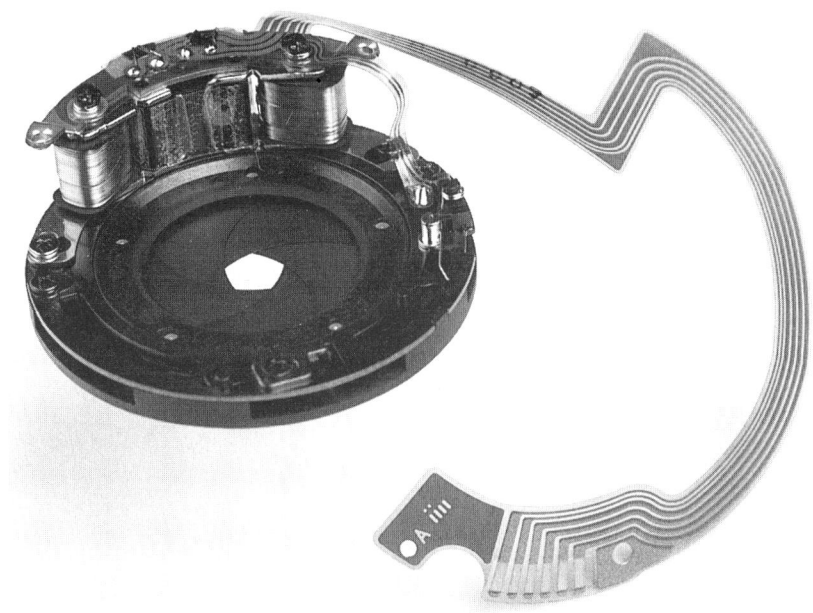

Canons elektrische Blendensteuerung

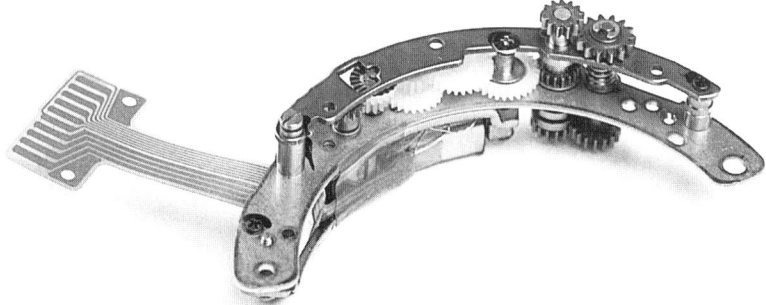

Der Bogenmotor (AFD) zur Fokussierung von AF-Objektiven

Der ursprünglich für die teuren L-Objektive entwickelte Ultraschallmotor (USM)

und Tier. Leider waren die großen Ringe der ersten USM-Systeme nur schwierig herzustellen, so daß diese Motoren den teuren Objektiven der L-Serie vorbehalten blieben. Außerdem konnten die ersten USM-Systeme nur in Objektiven relativ großen Durchmessers eingesetzt werden, weil die Ringe eine gewisse Größe haben mußten, um einwandfrei zu funktionieren.

In jüngerer Zeit ist es Canon gelungen, zwei neue Arten von Mikro-USM zu entwickeln, die in der Form einem normalen Elektromotor ähneln und preiswert hergestellt werden können. Diese ersetzen in neuen und überarbeiteten Objektiven zunehmend den Bogenmotor.

Noch einen Motor gibt es, der in den Canon EF-Objektiven verwendet wird. Dies ist der normale, kleine Gleichstrommotor mit langer Antriebswelle im Makro-Objektiv 100 mm. Er ist ein weiteres Beispiel dafür, wie feinfühlig der Motor den Erfordernissen angepaßt werden kann. Wegen des langen Einstellweges in diesem Objektiv eignet sich keiner der anderen Motoren so gut wie dieser.

*Canon
EOS 620*

Links:
Canon EOS 750, die erste Canon SLR-
Kamera mit eingebautem Blitzgerät,
in der abgebildeten Version auch mit
Datenrückwand

Unten:
Canon EOS 850, die Einsteiger-EOS
ihrer Tage.

*Nach etwa einem Jahr ersetzte die Ca-
non EOS 700 die EOS 750.*

*Die Canon EOS 600,
hier mit der amerikani-
schen Typenbezeich-
nung »630«.*

Rückkehr des Pellicle-Spiegels, in der Canon EOS RT allerdings aus Glas.

Im März 1987 führte Canon die zweite EOS-Kamera ein, die EOS 620. Diese war der EOS 650 so ähnlich, daß ein und dieselbe Anleitung für beide Kameras benutzt wurde. Der Hauptunterschied lag im Verschluß. Der Verschluß der EOS 650 hatte eine Synchronzeit von 1/125 s und reichte bis 1/2000 s. Die EOS 620 hatte eine kürzeste Verschlußzeit von 1/4000 s und eine Synchronzeit von 1/250 s.

Die wesentlichste Neuheit in diesen ersten EOS-Kameras waren – außer dem präzisen, schnellen und zuverlässigen Autofokus-System – zwei interessante Belichtungsfunktionen. Die erste war durch ein grünes Rechteck am Hauptschalter gekennzeichnet und ergab eine für den Ungeübten hervorragend geeignete Vollautomatik.

Die zweite Neuheit – und eine für den anspruchsvollen Fotografen hochinteressante – war die spezielle

Canon Schärfentiefenautomatik. Offensichtlich schätzte Canon den Wert dieser Funktion falsch ein und ließ sie bei der »professionellen« EOS 620 weg.

In der Praxis hat sich gezeigt, daß eine gewisse fotografische Erfahrung erforderlich ist, um zu verstehen, wie sich diese Funktion nutzen läßt. In dieser Einstellung kann die Kamera die für einen bestimmten, angestrebten Schärfenbereich erforderlichen Belichtungsdaten ermitteln und einstellen. Hierzu fokussiert man zunächst auf die Nahgrenze des gewünschten Bereichs, dann auf die Ferngrenze. Die Kamera berechnet die erforderliche Blende und ermittelt die entsprechende Verschlußzeit. Während sich das Verfahren zunächst dort anbietet, wo große Schärfentiefe benötigt wird, kann man es jedoch genau umgekehrt einsetzen, nämlich auch zur Begrenzung des Schärfenbereichs. So könn-

te man als Nahgrenze bei einer Porträtaufnahme die Nasenspitze, als Ferngrenze das Ohr des Modells nehmen. Damit ist sichergestellt, daß alles Wichtige im Schärfenbereich liegt, der Hintergrund jedoch unscharf wird. Natürlich braucht man hierzu ein relativ lichtstarkes Objektiv, vielleicht ein 1:1,4/50 mm oder ein 1:1,8/85 mm.

Zur photokina 1988 stellte Canon drei preiswerte EOS-Modelle für den Amateurbereich vor. Es waren die EOS 750, die EOS 750 QD (mit der 750 identisch, lediglich mit Datenrückwand) und die EOS 850. Die EOS 750 war die erste Canon SLR mit ausklappbarem Blitzgerät im Prismengehäuse. Mit Ausnahme dieses Blitzgeräts waren die EOS 750 und die EOS 850 identisch.

Beide Kameras boten die übliche Programmautomatik sowie Schärfentiefenautomatik. Beim Filmtransport wichen sie von der traditionellen Linie ab: Beim Einlegen wurde der Film zunächst ganz auf die Aufwickelspule gespult und dann Bild um Bild zurück in die Filmpatrone. Der Gedanke dabei war, daß dann bei einem versehentlichen Öffnen der Rückwand nur ein oder zwei Bilder durch Lichteinfall verdorben werden könnten.

Die EOS 750 und 750QD wurden nach kurzer Zeit von der EOS 700 und EOS 700QD abgelöst. Diese boten wichtige zusätzliche Funktionen, darunter Selektiv- und mittenbetonte Messung, Blendenautomatik sowie acht verschiedene Motivprogramme.

Dann führte Canon 1989 die EOS 600 ein, eine Aufwertung der EOS 650 bzw. 620. Waren die Vorgänger bereits schnell, so wurde die Autofokus-Geschwindigkeit in der neuen Kamera weiter gesteigert. Außerdem wurde die Belichtungsreihenfunktion so geändert, daß sie sich nicht nach jeder Aufnahme zurückstellte. Und schließlich gestattete die EOS 600 die individuelle Programmierung gewisser Funktionen – eine völlig neue und sehr nützliche Möglichkeit.

Kurz nach Einführung der EOS 600 bot Canon eine ungewöhnliche Modifikation dieser Kamera an. In dieser, der EOS RT (für Real Time) war der Schwingspiegel durch einen Pellicle-Spiegel ersetzt worden. Im Gegensatz zum Folien-Pellicle der Canon Pellix handelte es sich hier jedoch um einen teilverspiegelten Glasspiegel, der wesentlich dauerhafter war. Er ließ 65% des Lichts zum Film durch und spiegelte 35% in den Sucher. Mit Ausnahme des feststehenden Spiegels war die EOS RT mit der 600 identisch und wurde auch mit der Anleitung der EOS 600 geliefert. Die EOS RT eignet sich hervorragend für die Sportfotografie, denn sie zeigt das Objekt bis zur tatsächlichen Belichtung. Zudem zieht sie bis zu fünf Bilder in der Sekunde durch. Auch im Studio bietet sie gewisse Vorteile, denn sie gestattet eine Beurteilung der Wirkung von Blitzlicht. Leider erfolgt die Blendenanzeige in

der Kamera nicht in Transmissionsblenden (T-Blenden), so daß man beim Einsatz von Studioleuchten oder eines Handbelichtungsmessers eine Korrektur um 2/3 Blende anbringen muß, um dem in den Sucher ausgespiegelten Anteil Rechnung zu tragen. Trotz der Tatsache, daß nur etwa ein Drittel des einfallenden Lichts in den Sucher gelangt, wirkt das Sucherbild nur geringfügig dunkler als in der EOS 600.

Kurz nach der Einführung der EOS 600 kam Canons Profi-Modell auf den Markt, die EOS-1. Sie unterscheidet sich schon auf den ersten Blick deutlich von den anderen EOS-Modellen. Einmal ist sie unten flach und nimmt einen Zusatzmotor auf, obgleich das Gehäuse bereits einen Transportmotor enthält. Der Zusatzmotor bringt die Bildfrequenz auf maximale 5,5 B/s und gestattet die Verwendung von Alkali-Mignonzellen anstelle der Lithiumbatterie 2CR5, wie sie allen anderen EOS-Modellen als alleinige Spannungsquelle dient.

Die EOS-1, Canons professionelle Autofokus-Kamera

Während frühere EOS-Kameras etwas kantig und kastenförmig wirken, hat die EOS-1 sanft geschwungene Konturen, die sich aus Luigi Colanis Entwürfen ableiten. Das Prismengehäuse wirkt viel flacher, weil sich die Schultern der Kamera sanft nach oben verjüngen. Die Kamera liegt vorbildlich in der Hand und hat den besten Handgriff aller Canon Kameras. Mit dem Zusatzmotor ist sie durch einen zweiten Auslöser gleichermaßen bequem für Hoch- und Queraufnahmen einzusetzen. So findet sie besonders großen Anklang bei Pressefotografen, denn viele der in Zeitungen, Zeitschriften und Büchern erscheinenden Bilder haben Hochformat.

Interessant ist, daß die EOS-1 zwar auf den Profi-Markt zielt, doch

Die Canon EOS 10 war die erste EOS mit mehreren Autofokus-Sensoren.

weder Wechselsucher noch ein Großraummagazin bietet, wie sie Benutzer der Canon F-1 oft benötigten. Was sie hingegen bietet, ist sehr ausgefeilte Bedienung mit einem zusätzlichen Daumenrad auf der Rückwand.

Bei allen EOS-Kameras bis zur EOS-1 verwendete Canon ein Hybridgehäuse, bei dem der Spiegelkasten aus Spritzguß bestand und das Objektivbajonett vorn aufgeschraubt wurde. Dies führte zur sehr genauer Justierung von Objektiv und Filmebene. Zur Gewichtsverringerung wurde dieses metallene »Innengehäuse« dann in einer Form mit glasfaserverstärktem Thermoplast umgossen. So entstand ein Kameragehäuse, das wo immer nötig die Festigkeit von Metall

aufwies und wo immer möglich die Gewichtsvorteile des Kunststoffes nutzte. Für die Deckkappe benutzte Canon eine Technik, die ursprünglich für die A-Kameras entwickelt wurde. Dabei wurde die Kappe zunächst aus einem festen Kunststoff gegossen und dann mit mehreren schützenden Metallschichten überzogen. Für schwarze Kameras wurde das Bauteil dann schwarz lackiert. So entstand eine Deckkappe, die fest und stoßunempfindlich war und den empfindlichen elektronischen Bauteilen im Innern Schutz vor magnetischen Einflüssen bot. Seit der EOS-1 hat Canon die Herstellung von Kameragehäusen aus leichtgewichtigen Materialien laufend verbessert und abgewandelt.

Die erste neue EOS nach der EOS-1 war die EOS 10, die 1990 eingeführt wurde und als erste mehrfache Autofokus-Sensoren bot. Ein Sensor befand sich dabei wie üblich in Suchermitte, er wurde jedoch von zwei weiteren flankiert. Die Kamera war so programmiert, daß sie selbsttätig den bestgeeigneten Sensor wählte. Dies funktionierte meist. Natürlich konnte der Sensor auch manuell gewählt werden. Zudem bot die EOS 10 eine neue Art der Sucheranzeige. Durch Einfräsen der Autofokus-Felder in die Akryl-Einstellscheibe konnte Canon den jeweils aktiven Sensor rot aufleuchten lassen. Dies war ein bedeutender Fortschritt, denn andere Kamerahersteller, die mit neuen Formen der Sucherdarstellung experimentierten, verwendeten transparente LCD-Anordnungen, die der Einstellscheibe überlagert waren und das Sucherbild durch ihre Absorption abdunkelten. Nach dem von Canon entwickelten Verfahren bleibt die Einstellscheibe optimal hell, lediglich ihre Justierung ist kritisch. Dies ist der Grund, warum die Einstellscheibe der EOS 10 nicht auswechselbar war.

Das Gehäuse der EOS 10 wies wesentlich weichere Konturen auf als frühere EOS-Kameras. Die Tasten auf der linken Oberseite wurden durch eine Wählscheibe abgelöst. Diese erlaubte eine schnellere Umstellung als mit Taste und Einstellrad. Gleichzeitig waren alle Funktionssymbole auf einen Blick sichtbar.

In ihrem Innenleben weicht die EOS 10 radikal von allen früheren Canon Kameras ab. Sie ist die erste Canon Kamera mit einem neuartigen Filmtransport, der ganz auf eine Zahntrommel verzichtet. Statt dessen zählt sie die Perforationslöcher des Films durch Abtastung per Infrarot. So wird der Transportmotor abgeschaltet, sobald die entsprechende Anzahl Perforationslöcher (acht pro Bild) durchgelaufen ist. Damit verringern sich nicht nur die Reibung und die Anzahl bewegter Teile, sondern der Filmtransport wird auch genauer. Der einzige Nachteil dieses Systems ist, daß die Verwendung von Infrarotfilm ausscheidet, weil das zur Abtastung verwendete Infrarotlicht den Film verschleiern würde.

Eine etwas seltsame Eigenheit der EOS 10 ist die Möglichkeit der Programmierung mittels Strichcode. In einem Büchlein mit Bildbeispielen kann sich der Benutzer jene Aufnahme heraussuchen, die seiner spezifischen Aufnahmesituation am nächsten kommt. Dann tastet er einen darunter abgedruckten Strichcode mit einem batteriebetriebenen Lesestift ab, hält diesen an eine Sensormulde an der Kamera und übermittelt die gespeicherten Einstelldaten. Die Kamera ist damit für diesen spezifischen Aufnahmefall programmiert. Das funktioniert ganz gut, scheint jedoch ein wenig weit hergeholt. Und so fand es auch nur begrenzte Gegenliebe. Weitere Strichcode-Beispiele wurden angekündigt, sind jedoch bis zur Drucklegung nicht erschienen.

Kurz nach der EOS 10 kam die EOS 1000 auf den Markt, gefolgt von der EOS 1000F mit eingebau-

Canon produzierte eine begrenzte Anzahl von EOS 10 in diesem speziellen »Titan-Look«.

*Der Canon Strichcode-Lesestift zur Pro-
grammierung der EOS 10. Der Benutzer
sucht sich in einem Büchlein jenes Bild-
beispiel, das seiner Aufnahmesituation
am nächsten kommt, tastet den darunter abgedruckten Strichcode ab und gibt
die Programmierung in die Kamera ein.*

tem Blitzgerät. Sie wurden ein
großer Erfolg. Die Belichtungsfunktionen wurden nach Piktogrammen
mit einer Wählscheibe eingestellt.
Mit zehn Belichtungsfunktionen boten sie weitaus größere Vielseitigkeit
als die EOS 850 und 750.

Im September 1991 stellte Canon
eine Kamera vor, die nicht so recht
ins Programm zu passen schien, die
EF-M. Dabei handelte es sich um eine gut ausgestattete, vollwertige
SLR-Kamera mit drei Meßcharakte-
ristika, Programmautomatik sowie

*Canon EOS 1000F, die
EOS 1000 mit einge-
bautem Blitzgerät (in
der amerikanischen
Ausführung mit der
Bezeichnung »EOS Re-
bel S«).*

Canon EF-M, die für EF-Objektive eingerichtete Kamera ohne automatische Fokussierung.

Zeit- und Blendenautomatik und Handeinstellung, Belichtungskorrektur sowie automatischen Filmtransport. Sie war zur Verwendung sämtlicher EF-Objektive und des EOS-Zubehörs geeignet, erforderte jedoch manuelle Fokussierung. Der Widerspruch ist nur scheinbar, denn die EF-M bot einen äußerst preisgünstigen Einstieg in modernste SLR-Technik – mit dem zusätzlichen Bonus, daß sie durch Verwendung der aktuellen AF-Objektive der EOS-Reihe jederzeit Spielraum »nach oben« ließ. Offensichtlich hatte Canon jedoch das Interesse an einer solchen Kamera überschätzt, und so verschwand sie relativ bald wieder vom Markt.

Zur gleichen Zeit wie die kurzlebige EF-M stellte Canon eine EOS vor, die wieder einmal neue Maßstäbe setzte. Es war die EOS 100, die offiziell die EOS 600 ersetzte. Äußerlich sieht sie genau aus wie die

EOS 10, und doch bietet sie einige hochinteressante Unterschiede. Der wichtigste ist wohl das enorm verringerte Betriebsgeräusch. Möglich wurde es durch Austausch der meisten Getriebe gegen aramidfaserverstärkte Neopren-Zahnriemen. Diese versehen dieselbe Aufgabe mit weitaus weniger Geräusch. Ähnliche Zahnriemen werden im modernen Automobilbau anstatt lauter Ketten verwendet. Canon gibt an, daß der neue Riemenantrieb nur die Hälfte bis ein Achtel des Geräuschs herkömmlicher Getriebe entwickelt. Und nachdem man sich solche Mühe gab, das Antriebsgeräusch zu reduzieren, wandte man sich auch anderen Betriebsgeräuschen zu. So wurde der Spiegelkasten auf Gummipuffern montiert, um Schwingungen und Geräusch zu dämpfen – und wieder drängt sich der Vergleich mit dem Automobilbau auf. Zudem be-

sitzt auch die EOS 100 das optische Abtastsystem für den Filmtransport, so daß das Geräusch der Zahntrommel und ihrer Zahnräder entfällt. So entstand die »flüsternde Canon«.

Die zweite Neuerung an der EOS 100 war, daß sie zum erstenmal ein eingebautes Blitzgerät bot, das seinen Leuchtwinkel automatisch dem Bildwinkel des Aufnahmeobjektivs anpaßte. Weitere Merkmale dieses neuen Blitzgeräts waren die Möglichkeit der Leistungskorrektur, eine hervorragende Aufhellblitz-Steuerung und die Synchronisation auf den zweiten Verschlußvorhang. Beim letzteren wird der Blitz unmittelbar vor dem Schließen des Bildfensters gezündet (statt unmittelbar nach der Öffnung), so daß sich bei längeren Belichtungszeiten natürliche Licht- oder Bewegungsspuren ergeben.

Sicher werden Sie nun vermuten, daß die EOS 100 auch das dreifache

Canon EOS Elan, die amerikanische Version der EOS 100.

AF-Meßsystem der EOS 10 hatte. Weit gefehlt! Bei der EOS 100 griff Canon auf den Einzelsensor in der Bildmitte zurück. Man verwendete den Canon Kreuzsensor BASIS, der zuerst in der EOS-1 angewandt wurde. Er eignet sich gleichermaßen gut für vertikale und horizontale Strukturen.

Eine ganze Reihe von Sonderfunktionen gestattete dem Benutzer die Progammierung der Kamera nach seinen persönlichen Bedürfnissen. Und dazu gehörten die Vorauslösung des Spiegels ebenso wie die Umpolung der Abblendung auf die Belichtungs-Speichertaste. Auch die EOS 100 ist mit den für die EOS 10 geschaffenen Strichcodes nutzbar. Und wie die EOS-1 hat sie ein sehr praktisches Daumenrad auf der Rückwand.

Im Jahre 1992 wurde die erste Ausführung der EOS 1000 durch zwei neue Kameras ersetzt, die die Bezeichnung EOS 1000N und 1000FN erhielten. Diese hatten schnellere Autofokus-Systeme, eine kürzeste Verschlußzeit von 1/2000 s statt der 1/1000 s, ein eingebautes Blitzgerät mit höherer Leistung bei der 1000F, wesentlich geringeres Betriebsgeräusch (jedoch ohne die optische Filmtransport-Abtastung), ein Weichzeichnungsprogramm und ein neuartiges Musikprogramm. Und das ist kein Druckfehler. Diese Kameras machten es möglich, während des Ablaufs des Selbstauslösers kurze Melodien zu spielen – von Bach und Beethoven bis Vivaldi! Das mag wie ein Witz klingen, ist jedoch angenehmer zu hören als die herkömmlichen elektronischen Signaltöne. Selbst wenn Canon diese Kameras als reine Amateurmodelle sieht, eignet sich zum Beispiel das Weichzeichnungsprogramm durchaus auch

für professionelle Nutzung, zumal es mit jedem Objektiv funktioniert. Es basiert auf zwei kurz aufeinanderfolgenden Aufnahmen auf demselben Filmstück, die erste scharf, die zweite defokussiert. Dabei sind auf der Wählscheibe der Kamera zwei verschiedene Weichzeichnungsgrade wählbar. Wer immer Weichzeichnung liebt – insbesondere für Glamour-Aufnahmen – wird von diesem Programm begeistert sein, denn es gestattet die Verwendung jedes beliebigen Objektivs.

Diese beiden Kameras waren gleichzeitig die ersten beiden Canon SLR-Kameras, die nicht in Japan gebaut wurden. Sie werden im Canon Werk in Taiwan hergestellt. Dabei geht diese Umstellung nicht auf Kosten der Qualität, erlaubt Canon hingegen vermutlich die Erzielung eines günstigeren Verkaufspreises. Bei beiden besteht das Objektivbajonett aus verstärktem Kunststoff, und sie wurden zusammen mit einigen preiswerten Objektiven eingeführt, deren Bajonett gleichfalls aus Kunststoff besteht. Gelegentlich wurden Zweifel an der Haltbarkeit dieser Kunststoff-Anschlüsse laut, doch für die meisten Amateure, die sowieso nicht so häufig Objektive wechseln, sollte dies kein Kriterium sein. Selbst bei häufigem Objektivwechsel zeigte das Bajonett der EOS 1000FN keine Abnutzung.

Das Styling der EOS 1000N und 1000FN entspricht der EOS 10, und diese Formgebung sollte sich noch weiter fortsetzen. Die stets gleiche Anordnung der Bedienungselemente erleichtert den Übergang von einem Modell zum anderen, insbesondere, wenn man mehrere verschiedene Kameramodelle benutzt.

Kurz vor Drucklegung führte Canon eine neue Kamera ein, die in Europa als EOS 500 bezeichnet wird,

Überarbeitete Modelle: Die Canon EOS Rebel II (rechts) und Rebel S II (oben), die in Europa die Bezeichnung 1000N bzw. 1000FN tragen.

Die Canon EOS 500 – die bisher kleinste und leichteste EOS.

in Japan als EOS KISS und in den USA als EOS Rebel SX bzw. X (ohne Blitz). Es ist die bisher kleinste und leichteste Canon EOS. Ein Teil dieser Abmagerung wird einem »hohlen Porroprisma« zuzuschreiben sein, das aus Spiegeln besteht. Es ist wesentlich billiger zu produzieren, wenngleich es nicht so viel Licht reflektiert wie ein »echtes« Prisma. Doch es ergibt sich ein noch immer annehmbar helles Sucherbild, zumal die Helligkeit des Sucherbildes in einer Autofokus-Kamera keine so große Rolle spielt.

Auf der photokina 1992 stellte Canon die bisher faszinierendste Kamera vor – die EOS 5. Zum erstenmal verteilte Canon fünf AF-Meßfelder horizontal über das Bildfeld. So kann die Kamera automatisch auf jeden von fünf Meßpunkten im Bildfeld fokussieren, wobei sie intern entscheidet, welches dieser Meßfelder zur Anwendung kommen sollte. Wie die EOS 10 zeigt auch die

EOS 5 den oder die jeweils aktive(n) Meßfeld(er) durch rotes Aufleuchten an. Dessen ungeachtet gelang es Canon, die Schwierigkeiten mit der Justierung der Einstellscheibe zu überwinden (wie sie noch in der EOS 10 bestanden), so daß die Einstellscheiben der EOS 5 jederzeit auswechselbar sind.

Was die Kamera so futuristisch macht, ist die augengesteuerte automatische Scharfeinstellung. Durch spezielle Infrarot-Sensoren am Okular ist die EOS 5 in der Lage, der Augenbewegung des Fotografen zu folgen und jenen AF-Sensor zu aktivieren, auf den der Blick des Fotografen gerichtet ist. Weil die Form des Augapfels individuell sehr unterschiedlich ist, muß die Kamera zunächst auf das Auge des Benutzers eingestellt werden. Bis zu fünf verschiedene Augenkalibrierungen lassen sich pro Kamera speichern, und zwar entweder für fünf verschiedene Fotografen oder für verschiedene

Situationen bei ein und demselben Fotografen (zum Beispiel bei jemandem, der einmal eine Brille trägt, ein andermal jedoch Kontaktlinsen). Im allgemeinen funktioniert diese Kalibrierung problemlos, doch gibt es Leute, deren Augenform so ungewöhnlich ist, daß sich die EOS 5 einfach nicht auf sie einstellen läßt. Gleichfalls zu berücksichtigen bleibt, daß manche Brillenglasbeschichtungen Infrarot reflektieren oder absorbieren, so daß eine Kalibrierung der EOS 5 mit einer derartigen Brille unmöglich ist.

Nach der Kalibrierung ist die Kamera unglaublich schnell. Ein Blick auf die gewünschte Stelle – und die Kamera hat fokussiert. Und wenn man die Schärfentiefe kontrollieren möchte, genügt bei angetipptem Auslöser ein Blick auf ein kleines Rechteck in der linken oberen Ecke des Suchers – sofort blendet das Objektiv ab. Nachdem die EOS 5 die erste Generation augengesteuerter Ka-

Die Canon EOS A2E mit au-gengesteuer-tem Autofo-kus. In Europa läuft sie unter der Bezeich-nung Canon EOS 5.

Canon Augenmuschel Ed-E für die EOS 5.

meras darstellt, ist es durchaus denkbar, daß in zukünftigen Canon Kameras viele Funktionen einfach mit den Augen gesteuert werden.

Leider kann die EOS 5 aus Gründen der Speicherkapazität zunächst nur im Querformat augengesteuert fokussieren. Wird sie auf Hochformat geschwenkt, schaltet sie auf automatische Wahl des Meßfelds. Damit kann sie natürlich zuweilen von der persönlichen Wahl abweichen. Doch selbstverständlich lassen sich die AF-Meßfelder auch manuell anwählen. Die Augenkorrektionslinsen für EOS-Kameras passen auch auf die EOS 5, legen jedoch die Augensteuerung lahm, denn sie decken die IR-Sensoren ab.

Auch die EOS 5 besticht durch den für moderne Canon Kameras typischen, extrem niedrigen Geräusch-

pegel. Wegen ihrer kürzeren Verschlußzeit ist sie etwas lauter als die EOS 1000, doch noch immer wesentlich leiser als die meisten anderen Kameras. Die Filmrückspulung

erfolgt bei dieser Kamera so leise, daß man sich Mühe geben muß, sie zu hören. Profi-Models haben gelernt, auf das Verschlußgeräusch zu achten, und sie wissen, daß sie sich beim Rückspulgeräusch für einige Augenblicke entspannen können. Bei diesen neuen Kameras jedoch können sie nichts mehr wahrnehmen, sobald eine gewisse Geräuschkulisse vorhanden ist. Die EOS 5 gestattet die Umschaltung auf schnellere – und lautere – Rückspulung. Mancher Profi schaltet hierauf, damit er weiß, wann die Rückspulung erfolgt. Und seinen Models muß er ganz einfach sagen, wann sie die Pose wechseln sollten.

Das Gehäuse der EOS 5 ist das Ergebnis der Bemühungen Canons, eine noch leichtere, doch widerstandsfähige Kamera zu schaffen.

Canon EOS A2, die europäische EOS 5, jedoch ohne Augensteuerung, mit Hochformatgriff VG-10.

Das Grundgehäuse ist ein Spritzgußteil aus fiberglasverstärktem Thermoplast, das zwar sehr dauerhaft, jedoch nicht sehr stabil gegenüber Temperaturschwankungen ist. Auch jene Teile, die vom Objektivbajonett nach hinten zur Filmebene reichen, sind aus Kunststoff, doch handelt es sich in diesem Fall um graphitfaserverstärktes Material, das sehr maßhaltig ist. Auf Grund der Graphitfasern ist dieses Material selbstschmierend und leitet statische Elektrizität ab. Damit sollte reibungsloser Filmtransport ohne die Gefahr statischer Entladungen auch bei niedrigen Temperaturen gewährleistet sein.

Ein Zubehör gibt es für die EOS 5, das nicht im Zubehörkapitel besprochen werden soll, ganz einfach, weil es so wichtig ist. Dies ist der Handgriff VG-10. Er sieht etwa so aus wie ein Motorantrieb oder der Booster der EOS-1, doch er ist keines von beiden. Stattdessen handelt es sich um einen Handgriff, der die Bedienung der Kamera im Hochformat ebensoleicht macht wie im Querformat. Während der Zusatzmotor der EOS-1 gute Hochformathaltung gewährleistet und hierfür einen eigenen Auslöser sowie eine Speichertaste besitzt, finden sich am VG-10 ein Auslöser, ein Einstellrad, eine Speichertaste und ein AF-Meßfeldwähler – die gleichen Bedienungselemente, die in der Normalstellung für Querformat zur Verfügung stehen. Damit wird die EOS 5 zur ersten Kamera, die sich gleichermaßen entspannt im Hoch- wie im Querformat bedienen läßt.

Wie die EOS-1 und die EOS 100 hat auch die EOS 5 ein Daumenrad auf der Rückwand. Bei manueller Belichtungsabstimmung dient es zur Einstellung der Blende, während die

Verschlußzeit mit dem zentralen Einstellrad gesteuert wird. Damit ist selbst bei manuellem Betrieb bequeme Einhandbedienung möglich. Besonders schätzen wird man dies, wenn man sich mit der anderen Hand irgendwo festhalten muß, um überhaupt eine Aufnahme zu erhaschen.

Außer den Belichtungsfunktionen der anderen EOS-Modelle bietet die EOS 5 auch eine X-Funktion, in der die Kamera nur auf Verschlußzeiten einstellbar ist, die sich mit Blitz synchronisieren lassen. Damit ist die versehentliche Einstellung einer ungeeigneten Zeit unmöglich. Erstmals eignet sich auch die Belichtungsreihenautomatik für den Einsatz mit Studioblitzanlagen, denn variiert wird nur die Blende. Der einzig denkbare Wunsch, den die EOS 5 offenläßt, ist die Einstellung von Blende und Verschlußzeit in Drittelstufen wie in der EOS-1 anstatt der hier verfügbaren halben Stufen.

In den USA wird die EOS 5 als A2E bezeichnet. Zwischen beiden Kameras gibt es einige kleinere Unterschiede. Bei der EOS 5 erfolgt die manuelle Belichtungsabstimmung mit Hilfe einer elektronischen Analoganzeige im Sucher und im LCD-Monitor. Bei der A2E ist die Analoganzeige im Sucher durch einfache Pfeile

mit + und – ersetzt. Bei der EOS 5 klappt das Blitzgerät in bestimmten Betriebsarten automatisch aus und schaltet sich ein. Dies ist bei der EOS A2E nicht der Fall. Die EOS 5 bestätigt die Fokussierung mit einem Signalton, die A2E nicht. Man wird sich fragen, warum Canon zwei verschiedene Versionen dieser Kamera baut und bei der Ausführung für den

sicher nicht unbedeutenden amerikanischen Markt noch einige wünschenswerte Funktionen wegläßt. Der Grund hierfür sind internationale Patente und Lizenzvereinbarungen. Die genannten Funktionen werden von US-Patenten im Besitz anderer Hersteller abgedeckt, die nicht bereit sind, Canon für die USA hierfür Lizenzen zu erteilen.

Das gefragteste aller Sammlerobjekte? Canon fertigte eine Handvoll dieser durchsichtigen EOS-Kameras mit Zubehör zur Verwendung auf Ausstellungen und bei ähnlichen Gelegenheiten. Sie sind voll funktionsfähig, aber natürlich nicht zum Fotografieren geeignet.

Auch bei der Augensteuerung war sich Canon anfänglich nicht sicher, ob man Lizenzen für gewisse Aspekte dieser Technik für die USA erhalten würde. Wegen Verzögerungen beim Erwerb von Lizenzen baute man schließlich ein nur für die USA bestimmtes Modell, die EOS A2, und führte die EOS A2E erst später ein, als diese Lizenzprobleme gelöst waren. Die A2 ist mit der A2E identisch, hat lediglich keine Augensteuerung. Dafür hat sie eine Dioptrieneinstellung am Okular, die bei der A2E und EOS 5 entfallen mußte, weil sie nicht mit der Augensteuerung kompatibel ist.

Damit wären wir am Ende des gegenwärtigen SLR-Programms (Ende 1993) angelangt. Mit Sicherheit wird uns Canon noch mit so mancher hochinteressanten Neuheit überraschen. Als eines der nächsten Projekte dürfte ein Ersatz für die in die Jahre gekommene EOS-1 anstehen, eine neue Profi-Kamera für harten Einsatz, die von all jenem technischen Fortschritt profitiert, den Canon seit Einführung der EOS-1 gemacht hat. Für den anspruchsvollen Amateur weist ohne Zweifel die EOS 5 den Weg in die Zukunft. So dürfen wir gespannt sein, welche neuen Entwicklungen aus dem Hause Canon noch auf uns zukommen.

Objektive

Die Anfänge

Die ersten Kwanon-Kameras waren mit einem KasyaPa 1:3,5/5 cm bestückt. Leider ist heute nicht mehr bekannt, wer diese Objektive baute. Das KasyaPa wurde ähnlich den Objektiven für die Leica direkt in ein Gewinde im Kameragehäuse geschraubt.

Als jedoch die Canon Hansa auf den Markt kam, wurde eine völlig andere Konstruktion benutzt. Nachdem diese Kameras mit Nikkor-Objektiven in Bajonettfassung bestückt wurden, möchte man annehmen, daß das Kameragehäuse mit einem Bajonettanschluß versehen war. In Wirklichkeit jedoch hat das Gehäuse ein Schraubgewinde ähnlich der Leica, jedoch mit anderem Durchmesser und abweichender Steigung, das als J-Fassung bezeichnet wird. Dieses Schraubgewinde nimmt die Einstellfassung von Nippon Kogaku mit ihrem markanten Fokussierrad auf, und die Einstellfassung von Nippon Kogaku nimmt wiederum die Nikkore in Bajonettfassung auf. Warum diese umständliche Lösung?

Von der Einführung der Hansa bis 1947 stellte Seiki Kogaku (später Canon) keine Objektive her. Man konzentrierte sich auf die Konstruktion und Fertigung der Kamera und verließ sich bei der Optik auf die renommierte Firma Nippon Kogaku. Wie sich jedoch herausstellte, konstruierte und baute Nippon Kogaku schließlich nicht nur die Objektive, sondern auch die Einstellfassungen und die Entfernungsmesseroptik. So kann man die frühen Kameras als eine Art Gemeinschaftsprojekt betrachten, bei dem Nippon Kogaku einen beträchtlichen Beitrag zur Konstruktion leistete. Nachdem Nippon Kogaku jedoch nur eine begrenzte Anzahl der komplexen Einstellfassung liefern konnte, die zudem teuer war, beschloß Seiki Kogaku, Kameras anzubieten, bei denen das Objektiv direkt in das Gehäuse geschraubt wurde. Das erste dieser Objektive war das Nikkor 1:3,5/50 mm in ei-

Ein Familienporträt, das die meisten Serenar-Objektive zeigt. Foto: Joseph DeLora.

Oben:
Drei Serenare 50 mm: 1:3,5; 1:1,9 und 1:1,8. Mit freundlicher Genehmigung von Jack Naylor.

Unten:
Serenar 1:4/135 mm. Mit freundlicher Genehmigung von Jack Naylor.

ringe Stückzahl gebaut. Gleichermaßen selten ist das mit der J-II verkaufte Serenar 1:3,5/50 mm.

Objektive für Meßsucherkameras

Zum Zeitpunkt der Einführung der Canon S-II im Jahre 1946 stand Seiki Kogaku kurz vor dem Abbruch seiner Beziehungen zu Nippon Kogaku. Die meisten dieser Kameras wurden mit Serenar 1:3,5/50 mm verkauft, einige wenige mit Serenar 1:2/50 mm und einige mit Nikkor 1:3,5/50 mm. Nach 1948 wurden keine Canon Kameras mehr mit Nikkoren verkauft.

Mit Einführung der Canon S-II wurde eine neuer Objektivanschluß entwickelt. Einige dieser Kameras wurden mit dem alten J-Anschluß verkauft, andere mit experimentellen Anschlüssen, doch die meisten hatten einen neuen, halbuniversellen Anschluß, der sich auch für Leica-Objektive eignete und bei entsprechender Justierung mit dem E-Messer kuppelte. Während der Produktionszeit der S-II wurde der Firmenname in Canon Camera Company, Ltd., geändert, und die Objektive wurden nicht mehr mit Serenar gra-

ner versenkbaren Fassung, recht ähnlich der Leica-Objektive jener Zeit. Als in den Kriegsjahren nach 1941 die Canon JS gebaut wurde, stellte Seiki Kogaku auch ein hochgeöffnetes Normalobjektiv her, das Serenar 1:1,5/50 mm. Offensichtlich wurde hiervon jedoch nur eine ge-

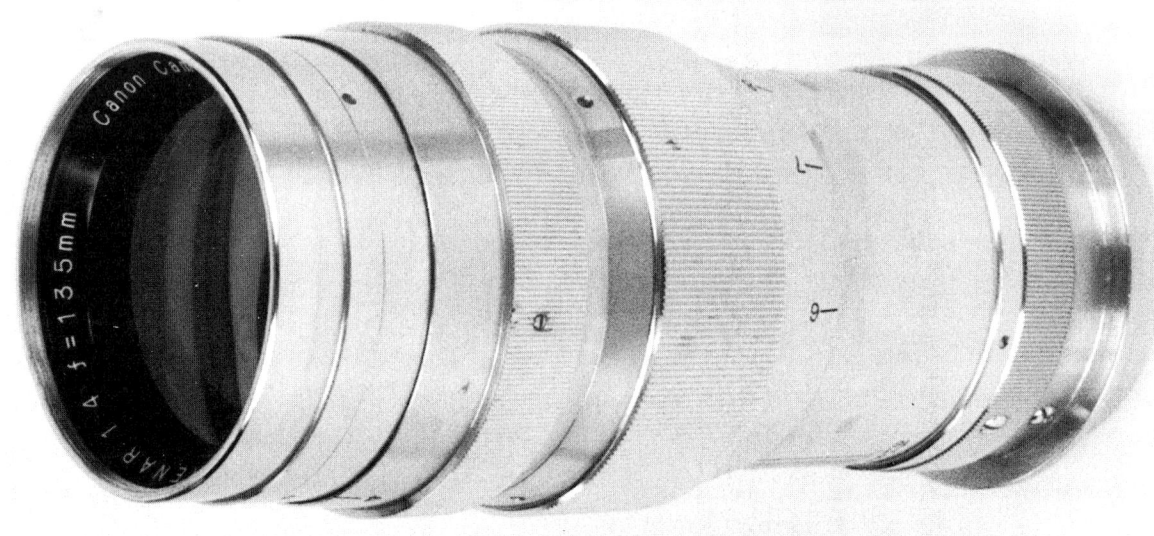

Einige 35-mm-Objektive: die Serenare 1:2,8 und 1:3,2 in der unteren Reihe, ein frühes und ein späteres Canon 1:2,8 oben. Mit freundlicher Genehmigung von Jack Naylor.

viert, sondern sobald wie möglich mit Canon. Die Namensänderung trat am 15. August 1947 in Kraft, und fast alle nach diesem Datum produzierten Objektive tragen die Gravur »Canon«.

Im Jahre 1953 baute Canon das erste seiner Objektive in einer Contax-Fassung, ein CT 1:3,5/28 mm, das optisch mit dem Serenar/Canon 28 mm identisch war. Dieses Objektiv konnte an der deutschen Contax und der Nikon S verwendet werden. Später, im Jahre 1955, fertigte Canon auch seine Objektive 100 mm und 135 mm in Exakta-Fassung. Wie bereits erwähnt, dürfen diese EX-Objektive nicht mit den mit »EX« gravierten für die EX-EE und EX-Auto verwechselt werden. Nur sehr wenige dieser Objektive mit Fremdanschluß wurden hergestellt, und heute sind sie kaum mehr anzutreffen.

1955 umfaßte das Optikprogramm für die Canon Meßsucherkameras die folgenden Objektive: 1:3,5/28 mm; 1:2,8/35 mm; 1:3,5/50 mm; 1:1,8/50 mm; 1:1,5/50 mm; 1:1,9/85 mm; 1:1,5/85 mm; 1:3,5/100 mm und 1:3,5/135 mm. Auch gab es ein großes 1:8/800 mm, das mit Spiegelkasten verwendete wurde und sich von 2,2 m bis unendlich fokussieren ließ. Der erste Spiegelkasten von Canon war für Aufsicht mit Okularvergrößerung eingerichtet und erforderte einen Doppeldrahtauslöser. Canon behauptete in seinen damaligen Veröffentlichungen, das Objektiv 800 mm sei in der Auflösung dem 50 mm ebenbürtig – ein Anspruch, den man bezweifeln

Ein Canon 1:3,5/100 mm im Vergleich zum Serenar 1:4/100 mm. Mit freundlicher Genehmigung von Jack Naylor.

Canon 1:1,9/85 mm. Mit freundlicher Genehmigung von Jack Naylor.

möchte. Aufstecksucher gab es für alle Objektive außer dem 800 mm und dem 50 mm, ebenso wie Universalsucher. Ein optischer Universalsucher ließ sich von 35 mm bis 135 mm einstellen. Außerdem gab es einen Universal-Rahmensucher. Als 1961 die Canon 7 eingeführt wurde, wurde das bewährte Schraubgewinde durch Hinzunahme eines Dreizungenbajonetts an der Außenseite des Flansches modifiziert. Die Kamera war damit nach wie vor mit allen aktuellen und früheren Canon Objektiven in Universalfassung verwendbar, konnte jetzt jedoch auch das neue Superobjektiv 1:0,95/50 mm aufnehmen. Wegen des großen Durchmessers seines Hintergliedes ließ sich dieses Objektiv nicht mit einem normalen Schraubgewinde versehen, so daß die Änderung unvermeidlich war. Einige frühere Kameras wurden

Das 1:1,9/85 mm und sein Sucher an einer Canon IV SB2.

gleichfalls für dieses Objektiv modifiziert. Verständlicherweise ist dieser »Glasklotz« recht selten. Um so interessanter ist die Möglichkeit, ein solches Objektiv wenigstens einmal zu testen. Dabei zeigt sich, daß es für seine extreme Lichtstärke erstaunlich scharf zeichnet. Allerdings leidet es unter beträchtlicher Koma, denn asphärische Flächen gab es damals noch nicht. Bei voller Öffnung ließ sich eine gewisse Weichheit nicht leugnen. Nachdem es nichts Vergleichbares gab, erregte das Objektiv beträchtliches Aufsehen, und einige Fotografen ließen es so modifizieren, daß es an Leicas der M-Reihe paßte. Heute erscheint dieses Objektiv eher als ein Leckerbissen für Sammler, denn die Leistung hochgeöffneter Objektive ist in den letzten Jahren enorm gestiegen.

Bis 1968 war das Objektivprogramm für die Meßsucherkameras Canons auf folgende Systeme angewachsen: 1:3,5/19 mm; 1:3,5/25 mm; 1:2,8/28 mm; 1:2/35 mm; 1:1,5/35 mm; 1:1,8/50 mm; 1:1,4/50 mm; 1:1,2/50 mm; 1:0,95/50 mm; 1:1,9/85 mm; 1:2/100 mm; 1:3,5/100 mm; 1:3,5/135 mm; 1:2,5/135 mm; 1:3,5/200 mm; 1:4,5/400 mm; 1:5,6/600 mm; 1:8/800 mm und 1:11/1000 mm. Alle Objektive ab 400 mm wurden mit dem Spiegelkasten der zweiten Generation verwendet, der nun auch ein Dachkantprisma aufnahm und keinen Doppeldrahtauslöser mehr erforderte. Da-

mit war die Bedienung praktisch mit jener eine SLR-Kamera identisch.

Canonflex-Objektive

Die Canonflex erschien 1959 zusammen mit einem Satz neuer Objektive. Bei dem von Canon für diese Objektive verwendeten Anschluß handelt es sich um ein sehr interessantes System, bei dem das Objektiv gerade

Oben: Sobald Canon seine neue Firmenbezeichnung auf den Objektiven anbrachte, wurden immer mehr Änderungen vorgenommen. Immer öfter fand sich Schwarz an den späteren Canon Objektiven für Meßsucherkameras. Foto: Joseph DeLora.

Unten links: Canon 1:3,5/135 mm

Unten rechts: Das Canon Objektiv 1:3,5/19 mm mit seinem Spezialsucher, hier an einer Canon 7s. Foto: Joseph DeLora

Das monumentale Canon 1:0,95/50 mm an einer Canon 7. Mit freundlicher Genehmigung von Jack Naylor.

an die Kamera angesetzt und dann mit einem Klemmring gesichert wird. Diese Konstruktion scheint von zwei verschiedenen Quellen abgeleitet zu sein. Das generelle Konzept des kameraseitigen Flansches mit drei Zungen ist jenem sehr ähnlich, das Canon an seinen Röntgenkameras verwendete. Es ist möglich, daß

Canon ferner zu dieser Lösung inspiriert wurde, weil die Praktina FX aus dem Jahre 1955 bzw. die Pentacon Six/Praktisix eine ähnliche Konstruktion aufwiesen. Sowohl bei der Praktina als auch der Praktisix ist das Gesamtkonzept ähnlich, nur sitzt der Klemmring nicht am Objektiv, sondern an der Kamera. Dieser An-

schluß existiert noch heute an der Exakta 66 und der Kiev 60.

Was auch immer zur Canon Konstruktion führte, das Ergebnis war vorzüglich. Nachdem sich beim Ansetzen an die Kamera nichts bewegt, entfällt auch jegliche Abnutzung, so daß sich am Auflagemaß auch nach vielen Jahren intensiven Gebrauchs nichts ändert.

Die Canonflex-Objektive haben zwei an der Rückseite vorspringende Hebel, von denen einer beim Filmtransport einen Federmechanismus im Objektiv spannt, während der zweite diesen Mechanismus vor der Belichtung zur Abblendung auslöst. Das funktioniert, ist jedoch relativ kompliziert – sicher mehr als nötig.

Bei den angebotenen Canonflex-Objektiven handelte es sich um die folgenden: Canomatic R 1:2,5/35

Das Canomatic R 1:3,5/55-135 mm war das einzige für die Canonflex angebotene Zoomobjektiv. Foto: Joseph DeLora.

mm; Super Canomatic 1:1,2/58 mm; Canomatic R 1:1,8/85 mm; Canomatic R 1:2/100 mm; Pre-Set R 1:3,5/100 mm; Canomatic R 1:2,5/135 mm; Pre-Set R 1:2,5/135 mm; Canomatic R 1:3,5/200 mm und Zoom 1:3,5/55-135 mm. Außerdem konnten die Meßsucher-objektive von 400 mm bis 1000 mm mit einem als Tele-Coupler R bezeichneten Adapter an Canonflex-Kameras verwendet werden.

FL-Objektive

Als die Canonflex-Baureihe auslief, modifizierte Canon den Canonflex-Anschluß für die neuen F-Kameras und schuf das F-Bajonett. Dieses ist in jeder Hinsicht mit dem Canonflex-Bajonett identisch, hat jedoch nur noch einen Hebel an der Objektiv-rückseite. Dieser öffnet die Blende, wenn er gegen Federkraft durch einen Hebel in der Kamera betätigt wird, und schließt die Blende auf Arbeitsöffnung, wenn der Hebel vor der Belichtung ausgeklinkt wird. Dieses System war weitaus funktioneller als der Canonflex-Anschluß. Canonflex-Objektive passen an Kameras mit FL-Bajonett und umgekehrt. Die Blendenkupplung ist jedoch unterschiedlich, so daß die Springblende am jeweils anderen System ausfällt. Die Objektive müssen vor der Belichtung von Hand abgeblendet werden.

Leider enthält das FL-Bajonett noch keinen irgendwie gearteten Blendensimulator, so daß es sich nur für Arbeitsblendenmessung eignet. Auf dem Markt tummelten sich jedoch bereits zahlreiche Kameras mit Offenblendenmessung, so daß die langsameren Canon Kameras im Nachteil waren. Canon erkannte, daß man der Konkurrenz etwas entgegensetzen mußte, und versah das FL-Bajonett mit einem Hebel, der sich beim Drehen des Blendenrings

Ein Familienbild der Canon FD-Objektive.

in einem bogenförmigen Schlitz bewegt und dem Meßsystem der Kamera somit die vorgewählte Arbeitsblende mitteilt.

Das Canon FL-F 1:5,6/300 mm war eines der ersten Canon Objektive, bei dem zur Korrektion der bei Teleobjektiven kritischen Farbfehler einige Glaslinsen durch Calciumfluorit ersetzt wurden. Foto: Joseph DeLora.

Vier Canon FD-Zoomobjektive aus den frühen achtziger Jahren. Das Drehzoom FD 1:3,5/35-105 mm links hat eine Naheinstellung, die durch Betätigung des »MACRO«-Schiebers zugänglich wird und zu einem größten Abbildungsmaßstab 1:5 führt. Das Schiebezoom FD 1:4/70-210 mm rechts hat ebenfalls eine Naheinstellung bis zum Maßstab 1:4,3. Die anderen beiden Objektive sind das FD 1:3,5/50-135 mm und das FD 1:4,5/85-300 mm.

FD-Objektive

Mit Ausnahme des neu hinzugekommenen Blendensimulators ist das FD-Bajonett mit dem FL-Bajonett identisch, so daß alle FD-Objektive auch an älteren Canon Kameras mit FL-Anschluß sowie den Kameras der Canonflex-Reihe verwendet werden können. An der Canonflex muß die Blende von Hand bedient werden, weil die mechanische Kupplung nicht funktioniert; an Kameras mit FL-Bajonett funktionieren FD-Objektive jedoch wie FL-Objektive, lediglich mit Arbeitsblendenmessung.

Als die AE-1 im Jahre 1976 eingeführt wurde, brachte Canon auch eine neue Variante des FD-Bajonetts heraus, das informell als »FD-N« bezeichnet wurde. Dieser Anschluß war insofern eigenartig, als er im Prinzip wie jener mit Klemmring funktionierte und auch voll kompatibel mit dem älteren Bajonett war, nur wurde hier beim Ansetzen und Abnehmen das gesamte Objektiv gedreht. Interessanterweise drehen sich dabei jedoch die Auflageflächen von Kamera und Objektiv nicht gegeneinander. Die Drehung des gesamten Objektivs bewirkte nur das, was zuvor die Drehung des Klemmrings bewirkte. Erforderlich wurde die Änderung, um die Einspiegelung der Blende in den Automatik-Sucher FN der Neuen F-1 zu ermöglichen. Dies geschah über ein zusätzliches Prismensystem im Sucher, das di-

Zwei kompakte Zweifach-Zooms: das FD 1:3,5-4,5/28-55 mm und das FD 1:3,5-4,5/35-70 mm.

Mitte der achtziger Jahre wurde ein neues Bajonett mit neuen Objektiven eingeführt. Das FD 1:3,5-4,5/35-105 mm war das erste Canon Objektiv mit einer gepreßten asphärischen Linse. Das FD 1:4/80-200 mm rechts enthielt sowohl Fluorit- als auch UD-Glas-Linsen. Im Hintergrund das FD 1:5,6/100-300 mm II mit neugerechneter Optik und stufenloser Naheinstellung.

rekt auf die Blendenskala gerichtet war. Bei den Objektiven mit Klemmring war der Blendenring jedoch zu weit vorgeschoben und damit außerhalb des Sichtbereichs dieses Prismensystems. Mit der Änderung paßten sich die Canon FD-Objektive außerdem an den bei den meisten anderen Kameras üblichen »Dreh« beim Objektivwechsel an, wenngleich diesem keinerlei praktische Bedeutung zukam und auch die Drehrichtungen bei den verschiedenen Konkurrenzkameras sehr unterschiedlich waren. In der Funktion waren die FD-N-Objektive denen mit FL- bzw. FD-Bajonett sehr ähnlich. Bei ihnen mußte lediglich ein kleiner verchromter Knopf zur Entriegelung gedrückt werden, bevor sie zur Ent-

Links oben: Canon Spiegellinser 1:8/500 mm, das einzige katadioptrische Objektiv im FD-Programm.

Unten: Ein Dreifach-Zoom, das FD 1:4/28-85 mm

nahme gedreht werden konnten. So wurde das Klemmringbajonett für die Praxis zum Drehbajonett.

Die neuen Objektive wurden von vielen Fotografen mit gemischten Gefühlen aufgenommen, denn sie machten keinen so soliden Eindruck wie die früheren FD-Objektive. Zudem waren zahlreiche Teile aus Kunststoff, bei einigen Objektiven auch die Fassung. Unken sagten voraus, daß die neuen Objektive im Profibetrieb auseinanderfallen würden. Doch die Zeit hat gezeigt, daß dem nicht so war und daß Canon recht hatte mit der Behauptung, diese Objektive wären durchaus dauerhaft. Noch heute sind viele von Ihnen im Gebrauch.

EF-Autofokus-Objektive

Die letzte und zugleich jüngste Umstellung kam, als Canon im Februar 1987 die erste EOS vorstellte. Canon gab sein Klemmring-Prinzip, das seit 1959 auf dem Markt war, völlig auf und ersetzte es durch ein herkömmliches Dreizungenbajonett. Doch so konventionell das Grundkonzept auch sein mag, die Umsetzung ist beachtlich. Dieses Bajonett hat den größten freien Durchmesser aller an Kleinbild-SLR-Kameras verwendeten Bajonettanschlüsse, wodurch Canon Konstrukteure die Möglichkeit erhielten, einige besonders lichtstarke neue Objektive zu schaffen. Darüber hinaus verzichtet es ein für allemal auf jegliche mechanische Kupplung zwischen Kamera und Objektiv. Statt Stiften und Hebeln kennt das neue EF-Bajonett nur eine Reihe vergoldeter Kontakte an Objektiv und Kamera. Wieder glaubten einige »Experten«, die neue Konstruktion würde sich nicht durchsetzen, weil die Kontakte schmutzig würden und Schwie-

Im Jahre 1981 baute Canon eine kleine Stückzahl des autarken AF-Zoom-Objektivs FD 1:4/35-70 mm AF mit eingebauten Fokussensoren und Fokussiermotor. Dies war ein Versuchsballon vor der Aufnahme jener Entwicklung, die schließlich zum EOS-Autofokus-System führte. Das Objektiv war an jeder Kamera mit FD-Bajonett einsetzbar. Mit freundlicher Genehmigung von Jack Naylor.

rigkeiten verursachen könnten. Doch in sechs Jahren des praktischen Einsatzes bei vielen Profis hat es derartige Probleme nicht gegeben.

Noch während der Laufzeit der F-1 und F-1n hatte Canon mit asphärischen Flächen zu experimentieren begonnen. Nachdem über das Thema der asphärischen Flächen jedoch so viel Unklarheit herrscht, wollen wir es etwas näher beleuchten.

Von Anfang an wurden Glaslinsen durch Abschleifen auf die gewünschte Form erzeugt. Nach dem Schleifen wird die Linse mit immer feinerem Material poliert und schließlich mit sehr feinem Polierrot feinbearbeitet. Dies kann von Hand oder maschinell geschehen. Allerdings lassen sich auf diese Weise nur sphärische Flächen erzeugen, bei denen die Krümmung einer jeden Linse einem Kugelsegment entspricht.

Jede Linse kann nur ein mit Fehlern, sogenannten Aberrationen, behaftetes Bild entwerfen. Diese Abbildungsfehler beeinträchtigen die Bildqualität. Ein ernstzunehmender Abbildungsfehler ist die sphärische Aberration, die dadurch entsteht, daß verschiedene Teile einer sphärischen Linse die Strahlen in verschiedenen Ebenen zum Schnitt bringen. So erzeugt die sphärische Aberration ein scharfes Bild, dem sich unscharfe Bilder überlagern. Solange man an Weichzeichnung interessiert ist, mag dieser Effekt sehr ansprechend sein, in der normalen Fotografie jedoch ist er unerwünscht. In herkömmlichen Objektiven unterdrückt man die sphärische Aberration durch Verwendung mehrerer Linsen, so daß sich die Abbildungsfehler der Linsen gegenseitig aufheben. Viele Linsen bedeuten jedoch viele streulichterzeugende Glas-Luft-Flächen. Selbst mit modernen Verfahren der Mehrschichtenvergütung lassen sich Streulichtreste nicht völlig beseitigen.

Gelingt es hingegen, einigen der Linsen eine asphärische, also nicht kugelige Oberfläche zu geben, so läßt sich die sphärische Aberration deutlich verringern oder sogar ganz

Drei sehr unterschiedliche Normalobjektive für EOS-Kameras. Von oben nach unten: EF 1:1,4/50 mm (USM) von 1993; EF 1:1/50 mm L; EF 1:4/50 mm Kompakt-Makro.

Extremes Weitwinkel Canon Fischauge EF 1:2,8/15 mm; EF 1:2,8/24 mm; EF 1:2,8/28 mm.

Canon FD 1:1,2/55 mm ASL mit hand-polierten asphärischen Linsen, speziell für die F-1 gebaut.

Canon FD 1:1,2/50 mm L, ein hervorragendes Normalobjektiv aus dem Jahre 1980, mit asphärischen Linsen und automatischem Korrektionsausgleich.

beseitigen. Manchmal kann schon eine einzige asphärische Linse die Aufgabe von zwei oder mehr sphärischen Linsen übernehmen, so daß sich weniger komplexe und aufwendige Konstruktionen realisieren lassen. Die Zahl streulichterzeugender Flächen wird geringer, der Bildkontrast höher. Nachdem sich die sphärische Aberration stärker bei hochgeöffneten Objektiven mit großen Linsendurchmessern auswirkt, sind asphärische Flächen hier von beson-

derem Interesse. Auch bei Zoomobjektiven bringen asphärische Flächen große Vorteile, denn sie vereinfachen das System und reduzieren damit Streulicht, Volumen und Gewicht.

Bedauerlicherweise ist die Herstellung asphärischer Flächen sehr schwierig und aufwendig. Mit traditionellen Schleif- und Polierverfahren lassen sie sich nicht serienmäßig erzeugen. Für die F-1 baute Canon ein Objektiv 1:1,2/55 mm mit hand-polierten asphärischen Linsen – par-

allel zu einem 1:1,2/55 mm mit normalen sphärischen Flächen, weil das asphärische Objektiv so entsetzlich teuer war. Ein Vergleich der Abbildungsleistung beider Objektive zeigt, daß die asphärische Ausführung insbesondere bei oder nahe der vollen Öffnung deutlich besser war.

Canon stellte eine ganze Reihe von Objektiven mit geschliffenen und polierten asphärischen Linsen her, doch alle waren notwendigerweise recht teuer. Doch alle boten überragende Leistung. Heute hat zum Beispiel das EF 1:2,8-4/28-80 mm L zwei asphärische Linsen. Und wenn man sich die damit aufgenommenen Bilder genau anschaut, wird man feststellen, daß sie von Aufnahmen mit festbrennweitigen Objektiven nicht zu unterscheiden sind. Mit anderen Worten, die Tage sind längst vorüber, als man Zoomobjektiven Qualitätskompromisse nachsagen konnte.

In den achtziger Jahren gehörte Canon zu den Firmen, die sich mit der Entwicklung von Linsen zur Fokussierung von Laserstrahlen beschäftigten. Diese wurden für CD-Spieler benötigt, bei denen kleine Linsen schwaches Laserlicht auf die rotierende CD fokussieren. Weil der Laserstrahl auf einen sehr präzisen, winzigen Punkt fokussiert werden muß, bieten sich asphärische Linsen für diese Anwendung an. Canon entwickelte ein Verfahren, bei dem optisches Glas erwärmt und gepreßt wurde, ähnlich der Formgebung bei Thermoplasten. Sobald einmal eine Form vorhanden war, konnte jede beliebige Anzahl asphärischer Linsen schnell und preiswert hergestellt werden.

Daraufhin wandten sich die Canon Forscher der Herstellung von asphärischen Glaspreßlingen für fotografische Anwendungen zu, und es gelang ihnen, dieses Verfahren zur Serienreife zu entwickeln. Mit dieser Technik ist die Herstellung präziser asphärischer Linsen für Canon Zoomobjektive möglich, die nur geringfügig teurer sind als geschliffene und polierte sphärische Linsen. Das einzi-

Canon EF 1:2,8/135 mm Softfocus. Eine asphärische Linse wird in diesem Objektiv verschoben, um größere oder geringere Weichzeichnung zu erzielen. In Einstellung »0« des Weichzeichnungsrings ist das Objektiv ein normaler Scharfzeichner 135 mm..

Vier Telekanonen von Canon:
EF 1:1,8/200 mm L;
EF 1:2,8/300 mm L;
EF 1:5,6/400 mm L;
EF 1:4/600 mm L.

So darf Canon heute als führender Objektivhersteller gelten, dessen Produkte über einen entscheidenden Qualitätsvorsprung verfügen. Seinen alten Partner Nippon Kogaku hat Canon längst hinter sich gelassen.

Doch die Beherrschung der Asphären ist nicht alles im Objektivbau. Mit zunehmender Brennweite werden Farbfehler zu einem immer größeren Problem. Und damit ist gemeint, daß eine Linse die einzelnen Wellenlängen des Lichts nicht in derselben Ebene zum Schnitt bringt. Das Ergebnis sind Farbsäume. Will man ein Objektiv auf Farbsäume testen, so geben feinverästelte Zweige gegen einen winterlichen Himmel ein sehr gutes Testobjekt ab. Das Dia oder Farbnegativ sollte man dann mit einer Zehnfachlupe betrachten. Ein Auslaufen der Farben um die feinsten Strukturen ist ein Anzeichen für Farbrestfehler.

Ursache für die chromatische Aberration ist die unterschiedliche Brechung der einzelnen Lichtfarben, d.h. Wellenlängen, durch optisches Glas. Eine Linse wirkt wie ein Prisma, spreizt die Farben auf. Canon versuchte dieses Problem durch Verwendung anderer Materialien mit unterschiedlichen Eigenschaften in den Griff zu bekommen. Die Aufspreizung des Lichts in seine Farbkomponenten bezeichnet man als Dispersion, und Canon suchte Materialien mit sehr niedriger Dispersion. Man fand was man suchte in Calciumfluorit, einem synthetischen Kristall. Calciumfluorit läßt sich nur schwer bearbeiten, ist brüchig und feuchtigkeitsempfindlich. Auch hat es einen größeren Ausdehnungskoeffizienten als optisches Glas. Alle diese unerwünschten Eigenschaften werden jedoch wettgemacht durch die Bildqualität, die es erzeugen kann. Canon produzierte eine Reihe sehr langbrennweitiger FD-Objektive unter Verwendung von Calciumfluorit. Dieses wurde stets nur im Innern des Systems verwendet, nie als außenliegende Linse. Die Objektive hatten darüber hinaus keinen Un-

ge Problem dabei ist, daß sich das Verfahren noch auf Linsen relativ kleinen Durchmessers beschränkt – um 25 mm – und deshalb nicht zur Herstellung großer asphärischer Linsen für hochgeöffnete Objektive geeignet ist. Diese müssen nach wie vor in herkömmlicher Weise gefertigt werden und sind noch immer

teuer. Kein anderer Hersteller verfügt heute über die Technik zur Herstellung asphärischer Glaspreßlinge, und so sind alle anderen auf die Verwendung herkömmlicher Linsen oder asphärische Verbundlinsen angewiesen, bei denen eine asphärische Kunststofffläche auf eine geschliffene und polierte Linse aufgebracht wird.

Drei frühe EF-Weitwinkel-bis-Tele-Zooms, die inzwischen ausgelaufen sind. Von links nach rechts: EF 1:3,5-4,5/28-70 mm; EF 1:3,5-4,5/35-105 mm; EF 1:3,5-4,5/35-135 mm.

Drei frühe EF-Telezooms, gleichfalls nicht mehr im Programm. Von links nach rechts: EF 1:4,5/100 – 200 mm A; EF 1:3,5-4,5/50-200 mm L; EF 1:4/70-210 mm.

Links:
Eine Alternative zu den stärker in den Weitwinkelbereich vorstoßenden Zooms ist das EF 1:3,5-4,5/28-105 mm.

Rechts:
Canon stellt zwei Superweitwinkel-Zooms zur Wahl: das EF 1:2,8/20-35 mm L für den Profi und das EF 1:3,5-4,5/20-35 mm mit USM. Das letztere kam erst kürzlich auf den Markt.

endlich-Anschlag, um der Fokusdifferenz bei unterschiedlichen Temperaturen Rechnung zu tragen. Die Abbildungsleistung dieser Objektive war überragend.

In jüngeren Jahren wurden neue Sorten optischen Glases mit anomalen Dispersionseigenschaften erschmolzen, die von den verschiedenen Herstellern als UD-, ED-, SLD-Glas oder ähnlich bezeichnet werden. Dabei handelt es sich um Mischgläser, manchmal mit einer Fluoritkomponente, die ähnliche Dispersionseigenschaften aufweisen wie Fluorit, ohne dessen Nachteile mitzubringen. Canon baut viele seiner langbrennweitigen Objektive heute unter Verwendung dieser Glassorten.

Nicht jeder Fotograf braucht die Hochleistung von Asphären oder Sondergläsern oder kann sie sich leisten. Deshalb hat Canon seine Objektive in zwei Gruppen aufgeteilt. Die preisgünstigeren Objektive mit normaler Technik und gepreßten As-

Eine leichte und vielseitige Ausrüstung aus zwei Objektiven läßt sich aus diesen vier USM-Objektiven zusammenstellen. Zur Kombination eignen sich das EF 1:4-5,6/35-80 mm oder das EF 1:4,5-5,6/35-105 mm mit dem EF 1:4,5-5,6/80-200 mm, dem EF 1:4-5,6/75-300 mm oder dem EF 1:5,6/100-300mm (links).

Das »gestreckte Normalzoom« für den Profi war bisher das EF 1:2,8-4/28-80 mm L (rechts). Unmittelbar vor Drucklegung stellte Canon ein neues Objektiv vor, das EF 1:2,8/28-70 mm L (links). Es bringt zwei wichtige Verbesserungen gegenüber dem 28-80 mm L: Es hat konstante Lichtstärke und vignettiert nicht bei längster Brennweite. Es ist mit dem großen Ultraschallmotor ausgerüstet und dürfte sich bald in der Ausrüstungstasche vieler Profis finden.

phären erhalten keine spezielle Bezeichnung. Die Super-Hochleistungsobjektive mit geschliffenen und polierten Asphären, UD-Glas und großen Ultraschallmotoren werden als L-Objektive bezeichnet. Dieses »L« steht für »Luxus« und deutet darauf hin, daß diese Objektive das Beste sind, was sich beim gegenwär-

tigen Stand der Technik schaffen läßt. So scheint es empfehlenswert, für kritische Anwendungen stets zu den L-Objektiven zu greifen und die anderen Systeme für weniger anspruchsvolle Aufgaben einzusetzen.

Vielleicht sollten wir einige Begriffe noch etwas ausführlicher erläutern. Wenn hier von »kritischen Anwendungen« die Rede ist, so sind damit Aufnahmen gemeint, die sehr stark vergrößert oder groß projiziert bzw. als Poster oder Wandbilder gedruckt werden sollen. Sind die Aufnahmen hingegen nur für persönliche Zwecke oder zum Abdruck in Zeitschriften und Büchern bestimmt – und werden sie deshalb weitaus weniger stark vergrößert -, so sind dafür keine L-Objektive erforderlich.

Kürzlich führte Canon einige sehr preiswerte Objektive ein, die – meist als Satz – überwiegend für den Verkauf mit der EOS 1000F/N bestimmt sind: das EF 1:4-5,6/35-80 mm (mit AFD oder USM), das EF 1:4,5-5,6/35-135 mm (mit AFD oder USM), das EF 1:1,8/50 mm II und das EF 1:4,5-5,6/80-200 mm (gleichfalls mit AFD oder USM). Diese sind von den anderen EF-Objektiven daran zu unterscheiden, daß sie

Das Telezoom für den Profi, EF 1:2,8/80-200 mm L.

über ein Polykarbonat-Bajonett verfügen und außerordentlich preisgünstig sind. Optisch sind diese Objektive den übrigen EF-Objektiven nicht unterlegen, für den harten Profi-Einsatz dürften sie jedoch weniger geeignet sein.

Als Spezialobjektive erwähnenswert sind das EF 1:2,8/135 mm Softfocus und die Canon TS-E-Objektive zur Perspektivekorrektur.

Das als Weichzeichner deklarierte Objektiv 135 mm ist für alle normalen Zwecke ein scharfzeichnendes Tele, das jedem anderen 135er in nichts nachsteht. Durch Drehen eines Einstellrings auf eine von zwei Stellungen ist es jedoch möglich, eine gewisse Weichzeichnung einzuführen. Der Ring verschiebt eine gepreßte asphärische Linse und führt damit ein feindosiertes Maß an sphärischer Aberration ein, die eine sehr angenehme Art der Weichzeichnung erzeugt. Das Objektiv funktioniert hervorragend und eignet sich insbesondere für die Porträt- und Glamourfotografie.

Was die TS-E-Objektive Canons anbelangt, so herrschen viele Unklarheiten. TS steht für »Tilt and Shift«, jene zwei Verstellbewegungen, zu denen diese Objektive fähig sind. Das Prinzip wurde mit dem TS 1:2,8/35 mm SSC mit FD-Bajonett eingeführt und in drei Objektiven mit EF-Bajonett für EOS-Kameras übernommen: TS-E 1:3,5/24 mm; TS-E 1:2,8/45 mm und TS-E 1:2,8/90 mm.

Die Objektive werden als »E« und nicht »EF« bezeichnet, weil sich das E auf die elektronische Kupplung mit der Kamera bezieht, während das F auf Autofokus-Betrieb hinweist, der mit diesen Objektiven nicht möglich ist. Die elektronische Kupplung bezieht sich in diesem Fall auch nur auf die Springblende.

Die meisten Fotografen verstehen die Funktion eines Objektivs mit dezentrierbarer Optik. Sie ähnelt der verstellbaren Objektivstandarte einer Großformatkamera. Die häufigste Anwendung findet sich in der Archi-

Das bemerkenswerte Zehnfach-Zoom EF 1:3,5-5,6/35-350 mm L.

Canon Extender EF 1,4x und EF 2x

tekturfotografie bei der Vermeidung stürzender Linien. Mit einem solchen Objektiv kann die Filmebene der Kamera senkrecht bleiben, so daß keine stürzenden Linien entstehen. Dann wird das optische System einfach nach oben verschoben, und schon kommen auch die oberen Gebäudeteile ins Bild. Schon weniger selbstverständlich ist für viele die horizontale Verschiebung, mit der sich störende Vordergrundobjekte ausschalten lassen (zum Beispiel ein Baum oder ein Laternenmast). Eine etwas ungewöhnliche Anwendung wäre die Aufnahme eines Zimmers mit einem großen Spiegel ohne Erfassung des Spiegelbildes des Fotografen. Hierzu stellt man die Kamera seitlich auf, so daß kein Spiegelbild entsteht. Dann verschiebt man das Objektiv horizontal, so daß das Foto so aussieht, als wäre es frontal aufgenommen.

Die Verschwenkung, wie sie diese Objektive gleichfalls gestatten, wird am häufigsten mißverstanden, es sei denn, man hat schon einmal mit einer Großformatkamera gearbeitet. Durch Verschwenkung des optischen Systems wird es möglich, den Winkel zur Filmebene zu verändern. Und damit kann man schräg durchs Bild laufende Objekte ohne Abblendung insgesamt scharf abbilden, indem man die Schärfenebene in Einklang mit der Objektebene bringt. Doch es geht auch umgekehrt. Indem man das genaue Gegenteil tut, läßt sich die Schärfentiefe gezielt auf einen minimalen Bereich begrenzen.

Canon bietet auch eine Reihe von Telekonvertern für seine Objektive an. Gegenwärtig verfügbar sind die Extender EF 1,4x und EF 2x. Diese sind für Objektive ab 200 mm Brennweite bestimmt. Ferner gibt es den 1:1-Konverter EF für das Kompakt-Makro EF 1:2,5/50 mm. Die Canon Konstrukteure glauben nicht an das Konzept eines Universal-Telekonverters, der für alle Objektive geeignet wäre, denn zu viele Qualitätsabstriche müßten in der Praxis bei einem solchen System gemacht werden.

In den Tabellen am Ende dieses Buches sind sämtliche aktuellen und die meisten älteren Canon SLR-Objektive mit ihren technischen Daten enthalten.

Canon Zubehör

Zubehör für die Canon Meßsucherkameras

Als Canon seine ersten Serienkameras auf den Markt brachte, bestand das einzige Zubehör aus einer Bereitschaftstasche. Die Zeiten waren hart, und nur wenige konnten sich damals nach dem Kauf der Kamera auch noch Zubehör leisten. Natürlich bestand das erste Zubehör, das verfügbar werden sollte, aus Wechselobjektiven anderer Brennweite. Doch über diese haben wir schon gesprochen.

Wahrscheinlich könnte man die Sucher ebensogut im Objektivkapitel besprechen, denn meist wurden sie mit diesen geliefert. Die Serenar-Sucher waren einfache Konstruktionen ähnlich jener von Leitz, Zeiss und Nikon. Ihre einfache Optik zeigte ein seitenrichtiges, aufrechtstehendes Bild. An der Rückseite konnte die Entfernung eingestellt werden. Damit änderte sich die Neigung des Suchers zur Aufnahmeachse, was einen Parallaxenausgleich schaffte.

Zum Zeitpunkt der Namensänderung in Canon Camera Company, Ltd., wurden auch diese Sucher geändert und fortan nicht mehr mit Serenar, sondern mit Canon graviert. Ansonsten blieben sie unverändert.

Diese späteren Sucher haben ein »moderneres« Äußere und sind in Schwarz gehalten, damit sie sich den Objektiven besser anpassen. Foto: Joseph DeLora.

Außer den normalen, mit den Objektiven gelieferten Suchern bot Canon zwei Zoomsucher zur allgemeinen Verwendung an. Diese ließen sich auf Brennweiten von 35 mm bis 135 mm einstellen. Ferner gab es einen vorn aufschraubbaren Zubehörsucher für das Objektiv 28 mm.

Diese frühen Sucher tragen sämtlich den Namen Canon statt Serenar, sind jedoch – wie alle Sucher jener Zeit – noch alle verchromt. Foto: Joseph DeLora.

Canon Universalsucher 35-135 mm. Mit freundlicher Genehmigung von Jack Naylor.

Nachdem Meßsucherkameras im allgemeinen keine Einstellung auf kurze Entfernungen gestatten, werden Nahlinsen erforderlich. Bei diesen handelt es sich um einfache Bikonvex-, Plankonvex- oder Konkavkonvexlinsen entsprechender Brechkraft. Auf ein Objektiv geschraubt, verändern sie die wirksame Brennweite und damit die Einstellentfernung.

Das Problem mit diesen Linsen ist, daß der Entfernungsmesser dann nicht mehr stimmt. Den Abstand zwischen Filmebene und Objekt zu messen und die Objektiveinstellung dann mit Hilfe einer Umrechnungstabelle zu ermitteln, ist andererseits zu umständlich. So entwickelte Canon eine Reihe von Nahlinsen unter der Bezeichnung »Auto-Up Lenses«. Dies sind einfache Vergrößerungslinsen, die auf das Objektiv gesetzt werden und mit einer angesetzten »Lupe« verbunden sind, die vor den Sucher- und Entfernungsmesserfenstern der Kamera zu liegen kommen. Mit vorgesetzter Auto-Up funktioniert die Kamera wieder wie gewohnt. Auto-Up-Linsen gab es mit verschiedenen Durchmessern für die verschiedenen Nor-

malobjektive von Canon sowie in zwei verschiedenen Stärken für unterschiedliche Aufnahmeabstände.

Die Auto-Up Nr. 1 gestattete die Fokussierung von 523 mm bis 378 mm, die Auto-Up Nr. 2 von 984 mm bis 539 mm. Damit ergaben sich Objektfelder von 315 x 210 mm bis 204 x 136 mm mit der Auto-Up Nr. 1 bzw. 730 x 420 mm bis 310 x 207 mm mit der Nr. 2. Später wurden diese Linsen überarbeitet und als Auto-Up 450 bzw. Auto-Up 900 in den Größen 42 mm, 50 mm und 57 mm für spätere Canon Objektive angeboten. Die Daten für diese späte-

Canon Zoom-Sucher VL. Foto: Joseph DeLora.

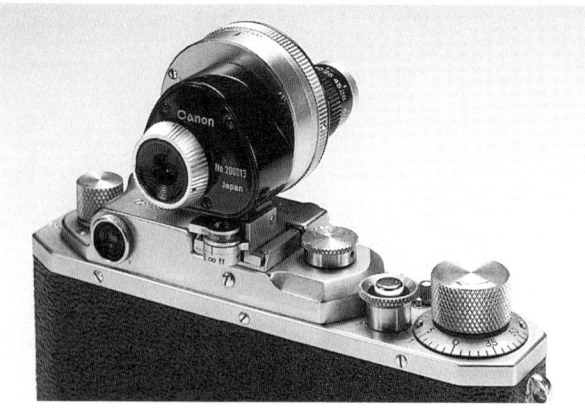

Canon Zoom-Sucher VS. Foto: Joseph DeLora.

Canon Rahmensucher. Foto: Joseph DeLora.

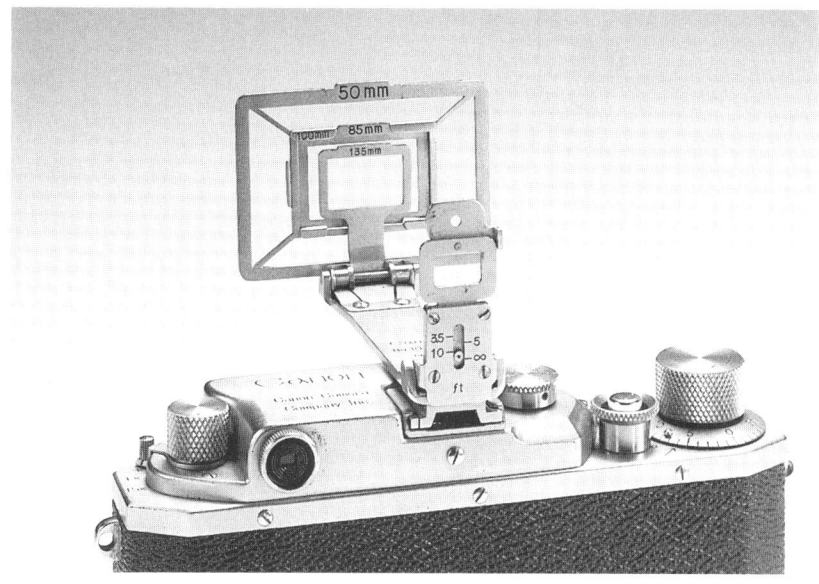

ren Auto-Up-Linsen entsprechen etwa jenen der früheren.

Weiteres Zubehör für die Sucherkameras:

Die Spiegelkästen MB-1 und MB-2, die mit Objektiven ab 400 mm sowie Objektiven in Kurzfassung wie dem 100 mm eingesetzt wurden.

Der Mikrofoto-Ansatz, der aus einem der Spiegelkästen mit einem angesetzten Mikroskopadapter bestand.

Zwischenringe mit Längen von 25 mm bis 200 mm sowie ein Makrokuppler zum Ansetzen bestimmter Objektive an die Ringe.

Canon Naheinstellgerät Auto-Up auf einem Serenar 1:1,9/50 mm an einer Canon IIB. Mit freundlicher Genehmigung von Jack Naylor.

Canon Zubehör

Ein aufwendiges Reprogestell einschließlich einer als »Panta Focusing Slide« bezeichneten Vorrichtung, die zwischen Kamera und Objektiv gesetzt wurde und eine seitliche Verschiebung des Kameragehäuses gestattete, so daß auf einer Mattscheibe direkt durch das Objektiv fokussiert werden konnte.

Der Schnellaufzug für die meisten Kameras IV-S2 und frühere, der statt der normalen Bodenplatte angesetzt wurde und einen Hebel für den schnellen Filmtransport enthielt.

Die Kamerahalterung, eine massive Metallbefestigung für die Kamera mit einer ansetzbaren Wasserwaage.

Eine sehr eigenartige Eintragung

fällt im Canon Katalog von 1965 auf: eine sogenannte Mikrofotografische Kamera 6x6 II, bei der es sich offensichtlich um ein Kameragehäuse handelt, das an den Canon Spiegelkasten paßt und für die Verwendung von 6x6-Planfilm konstruiert ist. Sie soll einen Zentralverschluß mit Zeiten von 1/200 s, 1/100 s,

Oben links: Schnellaufzug für Canon Meßsucherkameras. Foto: Joseph DeLora.

Oben rechts: Kamerahalterung mit Selbstauszugsadapter. Foto: Joseph DeLora.

Canon Spiegelkasten MB-2, hier an einer Canon 7s. Man beachte den Verbindungshebel, der eine Auslösung des Spiegels ohne umständlichen Doppeldrahtauslöser gestattete. Das Objektiv ist ein 1:3,5/100 mm. Foto: Joseph DeLora.

Canon Selbstauslöser. Mit freundlicher Genehmigung von Jack Naylor.

1/50 s, 1/25 s, 1/10 s, 1/5 s, 1/2 s, 1 s sowie T und B haben. Dies ist jedoch die einzige Erwähnung dieser Kamera, von der sich weder ein Foto noch weitere Einzelheiten finden ließen. Wenn sie tatsächlich ein Canon Produkt war, wäre sie möglicherweise Canons einzige Profikamera außerhalb des Kleinbildbereichs (natürlich mit Ausnahme der Canon Röntgenkameras).

Zubehör für Canonflex-, FL- und FD-Kameras

In den Canon Unterlagen erscheint nur wenig Zubehör für die Canonflex. Außer den Objektiven sind dies Aufsteck-Belichtungsmesser, Blitzkuppler für die RM, der Balgen R und eine Kamerahalterung. Natürlich gab es für alle Kameras Bereitschaftstaschen, darunter auch Modelle, die die Kamera mit aufgesetzten Belichtungsmesser aufnahmen. Vielleicht war es einer der Gründe für den begrenzten Erfolg der Canonflex-Reihe, daß sie dem begeisterten Amateur nicht genügend zusätzliche Dinge bot, mit denen man eine Ausrüstungstasche volladen konnte.

Dies änderte sich mit Einführung der F-Kameras. Eines der interessantesten, von Canon im Laufe der Jahre angebotenen Zubehöre war der Booster für die FT QL und die Pellix QL. Später wurde er auch für die FTb verwendet. Der Zusatz paßte in den Zubehörschuh und kuppelte über das Batteriefach mit der Kamera. Er wurde von zwei Batterien PX13 betrieben und brachte die Meßempfindlichkeit der FT auf den Bereich von LW -3,5 bis LW 18, jene

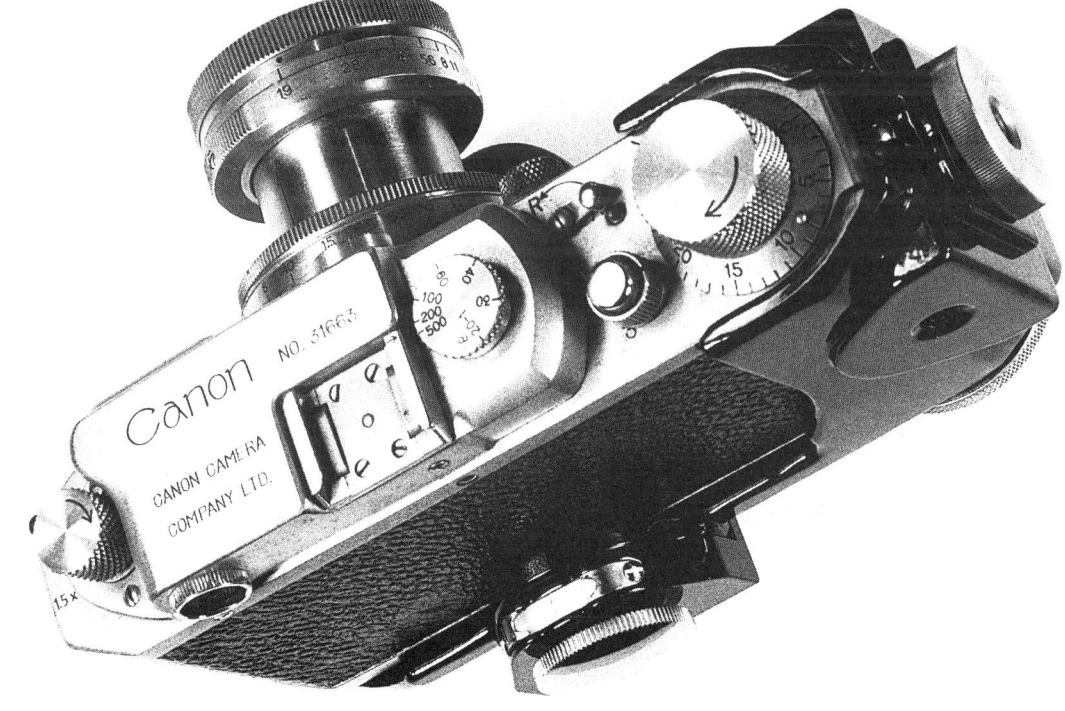

Befestigung der Kamera in der Kamerahalterung.

Der Booster für die FT und FTb. Foto: Joseph DeLora.

ter verwendbar. Die Sucher der Canon SLR-Kameras sind normalerweise auf -1,3 dpt abgestimmt.

Blitzgerät J-3, ein winziges Gerät für Blitzbirnen AG-1. Canon Blitzwürfel-Adapter, mit Kabelanschluß bzw. Mittenkontakt. Canon Blitzgerät Quint für fünf Blitzbirnen AG-1 für Aufnahmen in schneller Folge. Es nahm Magazine mit fünf Blitzbirnen auf, so daß mit einer einzigen Handbewegung fünf neue Birnen eingesetzt werden konnten.

Selbstauslöser 7. Mechanisches Hemmwerk, das in das Drahtauslösergewinde geschraubt wurde und die Kamera mit einer zwischen 5 s und 15 s einstellbaren Verzögerung auslöste.

Objektivadapter P zur Verwendung von Pentax/Praktika-Objektiven an Canon Reflexkameras. Die Objektive waren bis unendlich fokussierbar, mußten jedoch von Hand abgeblendet werden.

Objektivadapter N zur Verwendung von Nikon SLR-Objektiven an Canon SLR-Kameras. Die Objektive waren bis unendlich fokussierbar, mußten jedoch von Hand abgeblendet werden. Dieser Adapter ist recht selten.

Objektivadapter B zur Anpassung von Canonflex-, FL- bzw. FD-Objektiven an Canon Meßsucherkameras.

Objektivadapter E zur Verwendung von Exakta-Objektiven an Canon SLR-Kameras. Die Objektive waren bis unendlich fokussierbar, mußten jedoch von Hand abgeblendet werden.

Objektivadapter A zur Verwendung von Canon und Leica Objektiven mit Schraubgewinde an Canon SLR-Kameras. Die Objektive waren nicht bis unendlich fokussierbar, jedoch für Nahaufnahmen geeignet.

Balgengerät FL für Nahaufnahmen mit Canonflex-, FL- und FD-Ob-

der Pellix auf LW -4,5 bis LW 18 bei ISO 100/21°. In der Praxis wurde die Kamera auf das Objekt gerichtet und fokussiert. Dann wurde in einem Fenster des Boosters eine Meßnadel mit einer Kelle zur Deckung gebracht. Die Ablesung ergab direkt eine Verschlußzeit, die auf den Verschlußzeitenknopf der Kamera übertragen bzw. extern getimt wurde, wenn sie länger war als eine Sekunde. Der Booster ließ sich bis dreißig Sekunden ablesen.

Weiteres für die F-Reihe der Reflexkameras angebotenes Zubehör war folgendes:

Ein Winkelsucher zur Anbringung am Okular. Er knickte den Strahlengang um 90° und war drehbar. Über einen Adapter war er auch an der RM verwendbar. Die Winkelsu-

cher für die Canon F-Modelle werden auf die Seitenführungen des Okulars aufgesteckt und können mit jeder Canon Kamera von der Canonflex RM bis zu den neuesten EOS-Modellen verwendet werden. Die beiden aktuellen Ausführungen sind der Winkelsucher A2 und der Winkelsucher B. In das runde Okular der F-1 werden sie direkt eingeschraubt, an anderen Canon SLR-Kameras werden sie mit einem Adapter verwendet. Die Sucherlupe S dient zur hochpräzisen Fokussierung und paßt auf jede Kamera von der Canonflex RM bis zur EOS. Die verschiedenen Ausführungen der F-1 erfordern wegen ihres rundes Okulars die Verwendung der Sucherlupe R.

Augenkorrektionslinsen in Stärken von +1,5 bis -4 dpt, mit Adap-

jektiven an Canon SLR-Kameras, mit Springblendenfunktion bei FL- und FD-Objektiven sowie Arbeitsblendenmessung. Bei dem preisgünstigeren Balgengerät M entfiel die Springblende. Das Automatik-Balgengerät war von ähnlicher Konstruktion, jedoch mit Springblendenfunktion über einen Doppeldrahtauslöser.

Diaduplikator FL zur Befestigung an der Vorderseite des Balgengeräts FL. Er wurde später ersetzt durch den Diaduplikator 35-52R, der mit einer Rollfilmbühne für unzerschnittene Filmstreifen versehen werden konnte.

Der Makrotisch kuppelte mit dem Balgengerät und hielt die Aufnahmeeinheit in vertikaler Anordnung. Seine Bühne gestattete Aufnahmen kleiner Objekte oder mikroskopischer Präparate im Durchlicht.

Das Reprogestell 3F war eine stabile Kamerahalterung für Reproduktionen. Es wurde später durch eine verbesserte Ausführung ersetzt. Das aktuelle Modell trägt die Bezeichnung Modell 5.

Das Reprostativ F diente zur Reproduktion in festen Abständen; mit Zwischenring 5 mm. Objektfelder 127 mm x 190 mm bzw. 266 mm x 394 mm. Kamerahalterung R4 für F-Kameras.

Mikrototoansatz F. Einfacher, Mikro-Adaptertubus für SLR-Kameras mit FL bzw. FD-Bajonett. Auch für Canonflex geeignet. Paßte an jedes Mikroskop mit Tubus-Außendurchmesser 25 mm.

Mikro-Adapter. Ausziehbarer Zwischentubus für Mikroskopanschluß. Mit kameraseitigem Schraubgewinde, das für Verwendung an SLR-Kameras einen Adapter A erfordert.

Ungekuppelte Zwischenringe in Längen von 5, 10 und 20 mm. Zwischenringe FL, in Längen von 15 und 25 mm, mit Springblendenkupplung. Diese wurden später durch die Zwischenringe FD 25U und FD 50U (25 mm bzw. 50 mm) ersetzt, die Springblendenfunktion und Offenblendenmessung ermöglichten.

Umkehrringe für Filtergewinde 58, 48, 40 und 55 mm Ø. Später ersetzt durch Makro-Adapter MA-52, MA-55, MA-58 für die Filterdurchmesser der FD-Objektive. Auch angeboten mit Makroblende, die auf die Rückseite des Objektivs paßte und einen gewissen Streulichtschutz bot. Umkehrring FL mit Einstellfassung für Filtergewinde 58 und 48 mm Ø.

Außerdem bot Canon eine komplette Reihe von Filtern und Nahlinsen für diese Kameras an.

Mit den T-Kameras schaffte Canon den mechanischen Drahtauslöser ab und stellte auf ein elektrisches Auslösekabel um. Die entsprechenden Kameras besaßen kein Drahtauslösergewinde mehr, sondern bei einigen Modellen eine Anschlußbuchse im unteren Bereich des Handgriffs. Diese wurde auch bei den EOS-Kameras beibehalten, so daß die Auslösekabel mit jeder dieser Kameras verwendbar sind. Weitere Einzelheiten finden Sie unter EOS-Zubehör.

Zubehör für die F-1

Die F-1 war als absolute Profikamera konzipiert. Bei aller Liebe zum Detail konnte sie jedoch nur bestehen, wenn sie durch entsprechendes Zubehör auch auf jede nur denkbare Aufgabe anwendbar wurde, die sich dem Profi in seiner vielgestaltigen Arbeit bot. So wurde die F-1 von Anfang an nicht als eine Kamera,

Optischer Sportsucher für die F-1. Foto: Joseph DeLora.

sondern als System präsentiert. Zubehör nahm sie oben, hinten, unten und vorn auf.

Bleiben wir zunächst bei »oben«. Serienmäßig wurde die F-1 mit einem Prismensucher geliefert. Dieser läßt sich unter Druck auf zwei seitliche Knöpfe leicht aus feinpolierten Führungsschienen ziehen und gegen einen von vier weiteren Suchern auswechseln.

Der erste davon ist der Lichtschachtsucher, der mit seinem Faltschacht eigentlich nur einen Streulichtschutz zur direkten Betrachtung der Einstellscheibe bietet. Er hat eine ausklappbare Einstellupe. Leider ist mit diesem Sucher keine Belichtungsmessung möglich, so daß ein Handbelichtungsmesser zu Hilfe genommen werden muß.

Der zweite Wechselsucher ist besonders interessant; es ist der sogenannte Optische Sportsucher. Er entstand aus dem Sucher, der auf einem Canon Versuchsmuster verwendet wurde (siehe Kapitel über Canon Prototypen). Sein Einblick kann auf Durchblick oder Aufsicht gedreht werden. In der Durchblickstellung eignet er sich wegen seines großen Okulars und seiner weit hinten liegenden Austrittspupille hervorragend für Sportaufnahmen. Dabei ist stets auch noch das Feld für die Belichtungsabstimmung sichtbar.

Der Dritte im Bunde ist der Verstärkersucher T, der denselben Zweck erfüllt wie der Booster T für die FT. Er besitzt seinen eigenen Verschlußzeitenknopf mit getrennter Anzeige. Seine Verschlußzeiten reichen von 1/60 s bis zu 60 Sekunden.

Der letzte Sucher, schließlich, ist der Servosucher EE, der aus zwei Teilen besteht. Der Sucher selbst wird wie jeder andere Wechselsucher an die F-1 angesetzt. Dann wird ein Arm an die linke Seite angesetzt, der durch einen verdeckten Schlitz im Kameragehäuse mit diesem kuppelt. Der Servosucher EE ermittelt die erforderliche Arbeitsblende auf der Grundlage der vorgewählten Verschlußzeit, der eingestellten Filmempfindlichkeit und der Objekthelligkeit. Dann stellt der Verbindungsarm direkt die Blende am Objektiv ein. Dies führt zu echter Blendenautomatik. Heute erscheint dieser schwere, große Sucheraufsatz wie ein Dinosaurier. Zu seiner Zeit jedoch war repräsentierte er modernste Technik.

Die F-1 war die erste Canon Kamera mit auswechselbaren Einstellscheiben. Anfänglich wurden nur vier dieser Scheiben angeboten, doch gegen Ende der Laufzeit der Kamera war die Auswahl auf neun Scheiben angewachsen. Diese waren:

Scheibe A; Vollmattscheibe mit Mikroprismenring.

Scheibe B; Vollmattscheibe mit Schnittbildindikator.

Scheibe C; Vollmattscheibe.

Scheibe D; Vollmattscheibe mit Gitterteilung.

Scheibe E; Vollmattscheibe mit Mikroprismenring und Schnittbildindikator.

Scheibe F; Vollmattscheibe mit Prismenraster für hochgeöffnete Objektive.

Scheibe G; Vollmattscheibe mit Prismenraster für lichtschwächere Objektive (1:3,5 und darunter).

Scheibe H; Vollmattscheibe mit Fadenkreuz.

Scheibe I; Klarscheibe mit Doppelfadenkreuz zur Scharfeinstellung nach dem Parallaxenverfahren.

Der Verstärkersucher T für die F-1. Foto: Joseph DeLora.

Der Servosucher EE für die F-1. Foto: Joseph DeLora.

Der erste Motorantrieb für die F-1 war das Modell MD, ein recht großes Aggregat mit einem langen, unten angesetzten Handgriff. Es hatte einen eingebauten Intervallometer und schaffte maximal drei Bilder in der Sekunde.

Als zweiter wurde der Motorantrieb MF eingeführt – eine wesentlich kompaktere Konstruktion mit handlichem Griff. Dieser war abnehmbar und konnte zur Fernsteuerung über Kabel mit dem Motor verbunden werden.

Der dritte Motor für die F-1 war der Power Winder F, ein sehr handlicher Ansatz für maximal 2 B/s.

Für besondere Anwendungen produzierte Canon das Großraummagazin 250 zur F-1. Dieses war für Spezialkassetten eingerichtet und

wurde mit einem Filmladegerät benutzt, das den Einsatz von Meterware gestattete. So waren 250 Aufnahmen ohne Filmwechsel möglich. Weil bei dieser Filmlänge eine Rückspulung unsinnig wäre, wurde der Film von Kassette zu Kassette gespult. Das Magazin wurde gegen die normale Rückwand der F-1 ausgetauscht.

Eine weitere Rückwand für die F-1 war das Datenrückteil F zur Einstellung von Tag, Monat und Jahr und Einbelichtung in die Aufnahmen.

Nachdem die F-1 keinen Zubehörschuh mit Mittenkontakt besaß, mußte Canon eine andere Lösung finden. Man entschied sich für eine spezielle Halterung unter dem Rückspulknopf, auf die einige Spezialblitzgeräte direkt aufgesteckt wer-

den konnten. Zur Verwendung anderer für die Befestigung in einem Zubehörschuh bestimmter Blitzgeräte wurde ein Blitzkuppler L benötigt. Dieser paßte auf den Rückspulknopf und nahm das Blitzgerät in einem Zubehörschuh mit Mittenkontakt auf. Außerdem hatte er Kontakte für die CAT-Blitzautomatik sowie eine Beleuchtungseinrichtung für die Sucherablesung. Ein Nachteil war, daß man den Kuppler zur Filmrückspulung abnehmen mußte.

Einige weitere, sehr spezielle Zubehörkomponenten wurden für die F-1 angeboten, darunter ein großes, externes Intervallometer, eine magnetische Auslösevorrichtung für die Fernbedienung sowie mehrere Fernauslösesysteme, sowohl mit Kabelanschluß als auch drahtlos unter

Oben links:
Der Motorantrieb MF für die F-1. Foto: Joseph DeLora.

Oben rechts:
Der Power Winder F für die F-1. Foto: Joseph DeLora.

Rechts:
Das Großraummagazin 250 für die F-1. Foto: Joseph DeLora.

*Das Datenrückteil F für
die F-1.*

*Die Neue F-1 mit Motor-
antrieb AE FN, NC-Teil
FN und Langfilmmagazin
FN-100.*

Verwendung von Infrarotstrahlung bzw. Funkwellen.

Als Canon die Neue F-1 1981 einführte, war das Gehäuse so drastisch umkonstruiert worden, daß vom Zubehör für die frühere F-1 praktisch nichts mehr an der neuen Kamera verwendet werden konnte. Das Zubehör für die Neue F-1 trägt die Bezeichnung »FN«.

Fangen wir wieder mit der Kamera-Oberseite an. Die Neue F-1 nimmt fünf Wechselsucher auf. Serienmäßig wird sie meist mit dem Prismensucher FN geliefert, der mit einem Okularverschluß und einem Zubehörschuh mit Mittenkontakt versehen ist.

Der Automatik-Sucher FN ist ein wenig größer als der normale Prismensucher, bietet jedoch Zeitautomatik. Auch er trägt einen Zubehörschuh mit Mittenkontakt.

Der Optische Sportsucher FN ist in seiner Funktion mit dem Modell F identisch, verfügt jetzt jedoch gleichfalls über einen Zubehörschuh mit Mittenkontakt.

Für die Ausichtsbetrachtung gibt es zwei Möglichkeiten, zunächst den sogenannten Lichtschachtsucher FN, bei dem es sich um einen starren Sucheraufsatz mit eingebauter 4,6x-

Lupe handelt. Außerdem gibt es den Lupensucher FN 6fach, der das Sucherbild sechsfach vergrößert und ähnlich aussieht. Sein Okular kann zwischen -5 und +3 dpt eingestellt werden.

Die starke Nachfrage nach Einstellscheiben veranlaßte Canon, für die Neue F-1 dreizehn verschiedene Einstellscheiben anzubieten:
Scheibe A; Vollmattscheibe mit Prismenraster.

Scheibe B; Vollmattscheibe mit neuem Schnittbildindikator (nicht mehr abdunkelnd).
Scheibe C; Laser-Vollmattscheibe.
Scheibe D; Laser-Vollmattscheibe mit Gitterteilung.
Scheibe E; Vollmattscheibe mit neuem Schnittbildindikator und Mikroprismenring.
Scheibe F; Vollmattscheibe mit Prismenraster für hochgeöffnete Objektive.

Oben rechts: Der Power Winder AE FN für die Neue F-1.

CANON
Ni-Cd PACK FN

CANON
HIGH POWER Ni-Cd PACK FN

CANON
Ni-Cd CHARGER MA/FN

Der Canon Motorantrieb AE FN für die Neue F-1 mit seinem Angebot an Spannungsquellen.

CANON
AE MOTER DRIVE FN

CANON
BATTERY PACK FN

CANON
BATTERY CORD C-FN

Scheibe G; Vollmattscheibe mit Prismenraster für weniger lichtstarke Objektive.

Scheibe H; Vollmattscheibe mit feinmattiertem Mittenfleck und Meßskalen.

Scheibe I; Vollmattscheibe mit zentralem Klarfleck und Fadenkreuzen zur Scharfeinstellung nach dem Parallaxenverfahren.

Scheibe J; superhelle Laserscheibe für kurzbrennweitige Objektive.

Scheibe K; superhelle Laserscheibe für längere Brennweiten.

Scheibe L; Vollmattscheibe mit Kreuz-Schnittkeil.

Scheibe M; Spezialscheibe für die Werbefotografie und das Verlagswesen, mit ausschnittsmarkierenden Kreuzen für die Formate A und B.

An die Stelle des Großraummagazins 250 trat bei der Neuen F-1 das Langfilmmagazin FN 100. Dieses funktionierte wie sein Vorgänger, gestattete jedoch nur maximal 100 Aufnahmen ohne Filmwechsel. Auch hier erfolgte der Filmtransport von Kassette zu Kassette.

Das Datenrückteil für die Neue F-1 trug die Bezeichnung FN, war jedoch äußerlich und in der Funktion mit dem Datenrückteil F identisch.

Für den motorischen Filmtransport bietet die Neue F-1 einige Auswahl. Zunächst gibt es zwei Motorantriebe, den schnellen Motorantrieb AE FN und den langsameren Power Winder AE FN. Beide sind kompakte Einheiten, die an die Bodenplatte der Kamera angesetzt werden. Der Motorantrieb AE FN ist auf 5, 3,5 und 1 B/s einstellbar. Er gestattet auch die motorische Rückspulung. Drei verschiedene Spannungsquellen stehen zur Verfügung: das Batterieteil FN für 12 Mignonzellen, das Hochleistungs-NC-Teil FN zum Wiederaufladen und das ähnliche, doch nicht so leistungsfähige NC-Teil FN (50 Filme mit dem Hochleistungs-NC-Teil im Gegensatz zu 30 Filmen mit dem normalen NC-Teil). Das Hochleistungs-NC-Teil empfiehlt sich für sehr niedrige Temperaturen. Der Power Winder AE FN schafft nur 2 B/s. Er wird von vier Mignonzellen mit Spannung versorgt und gestattet keine motorische Rückspulung.

Der Power Winder A für A-Kameras. Foto: Joseph DeLora.

Der Motorantrieb MA für A-Kameras. Foto: Joseph DeLora.

Zubehör für EOS-Kameras

Die Original-EOS-Kameras der 600er Serie ließen sich sämtlich mit einem von zwei Zubehörrückteilen bestücken. Das erstere, die Datenrückwand E, gestattet die Einbelichtung das Datums als Monat/Tag/Jahr, Tag/Monat/Jahr bzw. Jahr/Monat/Tag) bis zum Jahr 2029. Auch die Einbelichtung der Uhrzeit (Tag/Stunde/Minute) im 24-Stunden-Rhythmus ist möglich. Als dritte Möglichkeit kann die Bildnummer einbelichtet werden. Als Spannungsquelle dienen zwei Lithiumzellen CR2025.

An nächster Stelle steht das Technikrückteil E. Es ist bedauerlich, daß dieses Rückteil – das seiner Zeit weit voraus war – nur wenig Absatz fand. Im wesentlichen ist es ein Computer mit Speichervorrichtung in Ergänzung der normalen Datenrückwand. Es kann sämtliche Aufnahmedaten jeder Aufnahme von bis zu zehn Filmen

Die Datenrückwand E an der EOS 650.

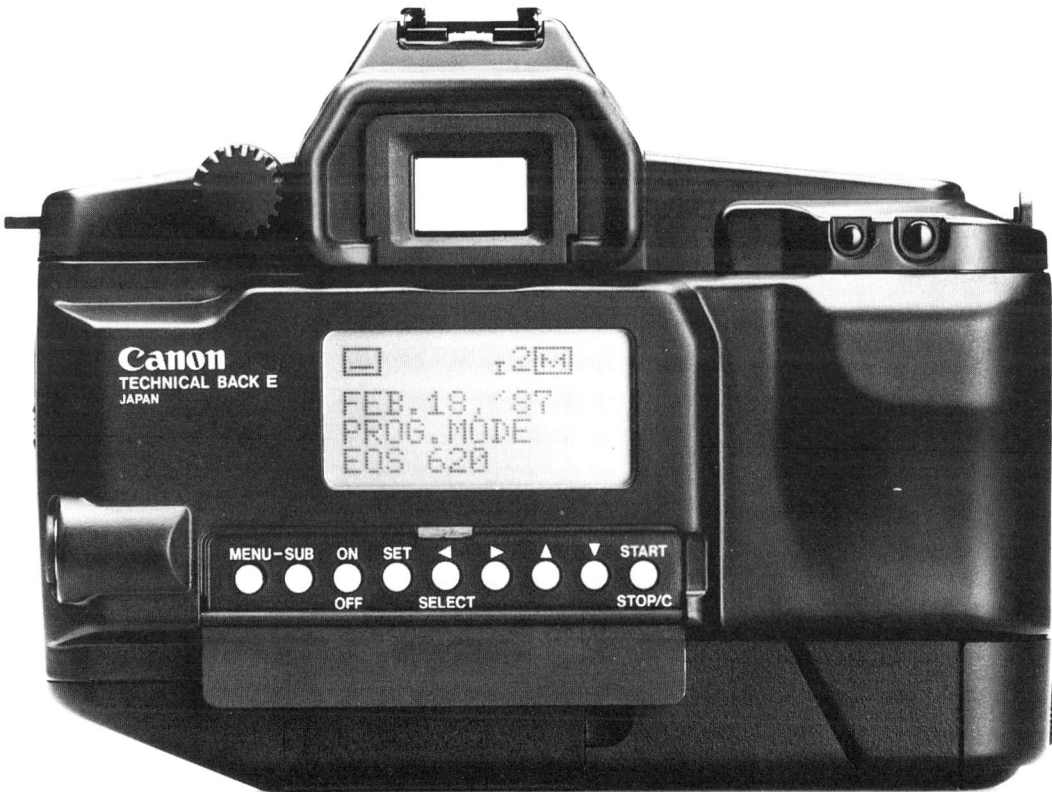

Das Technikrückteil E an der EOS 620.

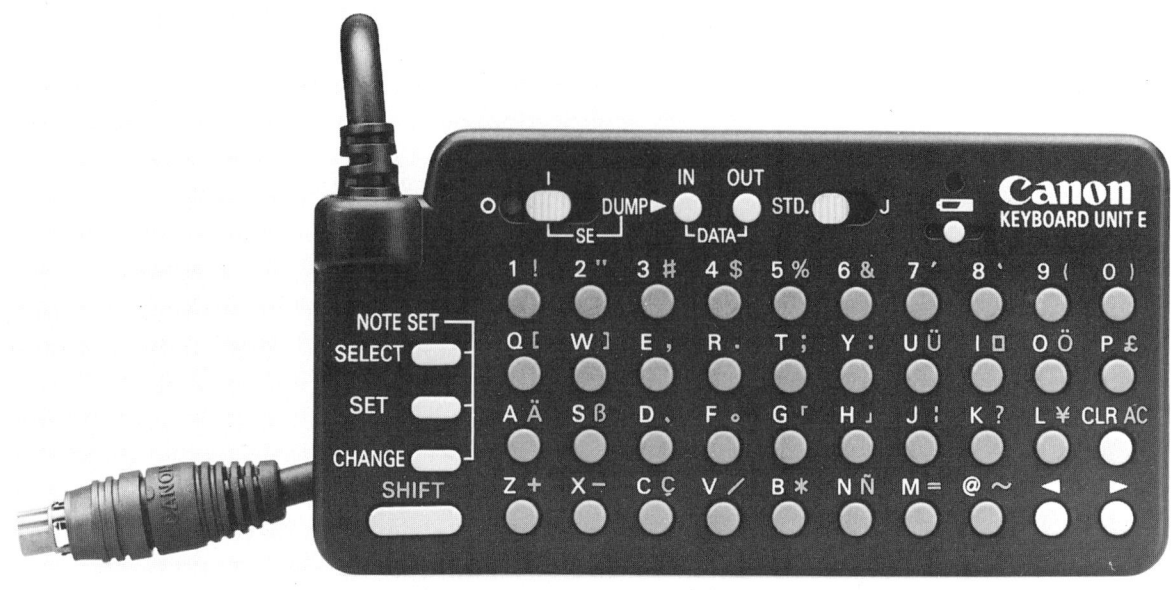

Die Tastatur E zur Einbelichtung von Informationen mit dem Technikrückteil E.

Der Booster-Motor E1 für die EOS-1.

In Verbindung mit der Tastatur E kann das Technikrückteil E beliebige Informationen (bis zu 30 Anschlägen) einbelichten, die mit der Tastatur eingegeben werden. Die Information für jedes Bild wird im 8K RAM des Technikrückteils E gespeichert und dann während der Filmrückspulung einbelichtet.

Und natürlich übernimmt das Technikrückteil E auch alle normalen Einbelichtungsaufgaben, wie sie auch das Datenrückteil E versieht. Darüber hinaus verfügt es über drei Timer-Schaltkreise, die den Einsatz als Selbstauslöser, Intervallometer und Langzeittimer gestatten. Schließlich bietet es eine Belichtungsreihenautomatik für programmierte Aufnahmesequenzen mit Belichtungsstreuung. Diese ist in Viertelstufen einstellbar.

Auf der Rückseite befindet sich ein großer LCD-Monitor, der die Programmkurve der Kamera grafisch darstellt und jede beliebige Änderung des Programms gestattet. Dies ist das Nonplusultra der indivi-

zu 36 Aufnahmen speichern. Durch Anschluß des Technikrückteils E über die Schnittstelle TB an einen Computer können alle diese Daten in den Computer heruntergeladen, im Moni-

tor betrachtet oder ausgedruckt werden. So lassen sich Verschlußzeit, Blende, Brennweite, Belichtungsfunktion und andere Variablen in einer Art elektronischen Tagebuchs festhalten.

Das NC-Teil E1 mit dem NC-Ladegerät E1 zur Spannungsversorgung des Booster-Motors E1 der EOS-1 mit einer wiederaufladbaren Energiequelle.

duellen Programmierung, doch wahrscheinlich bereits zu anspruchsvoll, als daß es von der Mehrzahl der Benutzer verstanden würde.

Die letzte – und sicher am wenigsten verstandene – Funktion des Technikrückteils E ist die Möglichkeit, die Kamera beim Anschluß an einen Computer von diesem aus zu programmieren und zu steuern. So könnte der Computer zu einem sehr vielseitigen Intervallometer werden, mit variablen Intervallen auf der Grundlage der Tageszeit oder anderer Variablen, und er könnte sogar das Belichtungsprogramm von einer Aufnahme zur nächsten variieren.

Hätte Canon mit der Einführung des Technikrückteils E gewartet, bis Laptop-Computer und Personal Organizers Gemeingut geworden waren, wäre es wahrscheinlich ein größerer Erfolg geworden. Inzwischen hat Nikon eine ähnliche Schnittstelle für seine F90 eingeführt und bezeichnet diese als eine

Erstleistung. Nun, wenn man sich das Technikrückteil E und seine Vielseitigkeit anschaut, wird man diesen Anspruch wohl etwas gewichten müssen.

Manchen Fotografen war der eingebaute Handgriff der EOS 600 zu klein für ihre Hände, und so brachte

Canon den Handgriff GR auf den Markt, der größer war und eine gepolsterte Lederschlaufe besaß. Ein weiterer Zubehörgriff, der GR 20, wird etwas später besprochen.

Als die EOS-1 auf den Markt kam, brachte Canon auch ein praktisches Zubehör dafür heraus, das so-

Canon Zwischenring EF25 mit Auszugslänge 25 mm, der alle Kupplungsfunktionen zwischen Kamera und Objektiv aufrecht erhält.

Makro-Konverter FD/EOS, mit dem jedes FD-, FL- oder Canonflex-Objektiv an eine EOS angesetzt werden kann. Allerdings entfallen dabei die Blendenkupplung und die Unendlich-Einstellung, da der Adapter als Zwischenring wirkt.

genannte Steuerrückteil E1. Dies gestattet die Einbelichtung des Datums, der Uhrzeit, der Bildnummer oder eines persönlichen Codes. Auch bietet es eine Intervallometer-Funktion, die in Intervallen von einer Sekunde bis zu 23:59:59 für Zeitrafferaufnahmen genutzt werden kann.

Das einzige weitere Zubehör speziell für die EOS ist das NC-Teil E1 mit dem NC-Ladegerät E1. Diese dienen zur Spannungsversorgung des Booster-Motors E1 mit einer wiederaufladbaren Energiequelle.

Nach der Einführung der EOS-Kameras erhob sich sofort die Frage, ob FD-, FL- und selbst Canonflex-Objektive an die EOS angesetzt werden könnten. Leider verstehen die meisten Fotografen nur wenig von Optik, und sie erkennen nicht, daß die Einfügung eines Adapters – und sei er noch so schlank – zwischen Objektiv und Kameragehäuse das Auflagemaß verändert, als Zwischenring wirkt. Folglich ist eine Einstellung auf unendlich unmöglich. Als Reaktion auf diese Wünsche brachte Canon den Makro-Konverter FD/EOS auf den Markt, mit dem je-

des FD-, FL- oder Canonflex-Objektiv an eine EOS bzw. ein Balgengerät oder Zwischenringe angesetzt werden kann. Da die Blendenkupplung entfällt, muß bei Arbeitsblende gemessen werden. Die Schärfenbestätigung und die Spotmessung der EOS-1 entfallen.

Derselbe Adapter gestattet das Ansetzen der Canon Lupenobjektive 1:3,5/20 mm und 1:2,8/35 mm an die EOS-Zwischenringe bzw. – über ein Balgengerät – an das EOS-Kameragehäuse. Auch kann er dazu dienen, den Mikrofotoansatz F an ein EOS-Gehäuse anzusetzen.

Für Normalaufnahmen, die einfach eine stärkere Vergrößerung erfordern, liefert Canon den Zwischenring EF25 mit Auszugsverlängerung um 25 mm, der die gesamte Signalübertragung zwischen Kamera und Objektiv aufrecht erhält.

Die einzige Möglichkeit, ein FL-, FD- oder Canonflex-Objektiv an eine EOS anzusetzen und bis unendlich zu fokussieren, ist die Zuhilfenahme eines optischen Systems innerhalb des Adapters zur Verlängerung der wirksamen Brennweite. Auch einen

solchen Adapter liefert Canon, den Objektivkonverter FD/EOS, der eine Brennweitenverlängerung um 1,26x ergibt, jedoch – zumindest in den USA – nur über den Canon Profi-Service an akkreditierte Berufsfotografen abgegeben und nicht an Händler geliefert wird.

Für den Einsatz von Folienfiltern mit EF-Objektiven liefert Canon die Folienfilterhalter E für 52, 58 und 72 mm.

Wie bereits erwähnt, schaffte Canon mit der Einführung der T-Kameras den Drahtauslöseranschluß im Auslöser ab und ging zu einem elektrischen Anschluß mit Schraubgewinde am Kameragehäuse über. Diese Konstruktion wurde bei den EOS-Kameras übernommen. Allerdings sind die EOS-Modelle 620, 600, 650 und RT nicht mit einer solchen Buchse versehen. Hier kann jedoch der Zubehörgriff 20 gegen den normalen Handgriff ausgetauscht werden; dieser ist mit einer solchen Buchse versehen. Die EOS 700, 750, 850, alle Ausführungen der 1000, die EOS 10, 100 und 500 besitzen keinen Fernsteuerungsanschluß und können

Das Auslösekabel 60T3 zur elektrischen Kamera-Auslösung.

überhaupt nicht mit einem Auslöse-kabel kombiniert werden. (Die EOS 10 und 100 haben eine eigene Infra-rot-Fernbedienung.)

Canon bietet verschiedenes Zu-behör zum Anschluß an die Fern-steuerungsbuchse an. Das einfachste ist das Auslösekabel 60T3 mit einem 60 cm langen Kabel. Mit diesem kann die Belichtungsmessung ge-trennt von der Auslösung eingeschal-tet werden.

Der Fernauslöseradapter T3 ist ein kurzes Kabel, das in die Fern-steuerungsbuchse der Kamera ge-schraubt wird und am anderen Ende eine Submini-Klinke hat. Diese ge-stattet die Kupplung mit älterem Ca-non Fernsteuerungszubehör sowie Fernbedienungen anderer Hersteller.

Der Drahtauslöseradapter T3 ist gleichfalls ein kurzes Kabel, das in

die Fernsteuerungsbuchse ge-schraubt wird und am anderen Ende einen Anschluß für einen normalen, mechanischen Drahtauslöser trägt.

Das Verlängerungskabel 1000T3 ist 10 m lang und kann den Abstand zwischen Kamera und jedem Zu-behör T3 vergrößern.

Die Infrarot-Fernsteuerung LC-1 besteht aus einem Sender und einem kleinen Empfänger, der in den Zu-behörschuh der Kamera geschoben wird. Das System löst die Kamera mit einem Infrarotimpuls aus und hat eine Reichweite von 5 m. Auch kann es als Lichtschranke dienen: Sobald sein Infrarotstrahl unterbrochen wird, löst die Kamera aus. Damit ist es sehr wertvoll für Überwachungs-aufgaben und Tieraufnahmen.

Die Infrarot-Fernsteuerung RC-1 ist ausschließlich für die EOS 10 und

100 bestimmt. Sie erfordert keinen getrennten Empfänger, weil dieser bereits in die Kamera eingebaut ist. Die Kamera kann entweder direkt oder mit einer Verzögerung von 2 s ausgelöst werden. Auch die Spiegel-vorauslösung mittels Fernsteuerung ist möglich.

Canon Blitzsysteme

Schon in der Frühzeit war Canon stets bemüht, den Blitzeinsatz mit seinen Kameras zu vereinfachen. So hatte die Canon Kamera 1950 an der linken Gehäuseseite eine Blitz-schiene zur Direktkupplung für die kabellose Verbindung mit Canon Blitzgeräten. Im Jahre 1954 wurde die Canon IIS mit E-Blitzsynchronisa-tion (bei etwas weniger als 1/25 s)

Das Canon Blitzgerät Y, hier an der Blitzschiene einer Canon III F.

versehen, und bei den Folgemodellen wurde die Synchronzeit mit besseren Verschlußkonstruktionen verkürzt. Darüber hinaus bot Canon das Blitzgerät B-III zur Verwendung mit Canon Kameras mit eingebauter Synchronisation an.

Die Kolbenblitzgeräte, die an die kameraseitige Schiene angesetzt wurden, gab es in verschiedenen Ausführungen. Das Blitzgerät X, das 1951 zur Canon IV herauskam, war ein komplettes System, dessen Bestandteile in verschiedener Form kombiniert werden konnten. Mit einem Kamera-Adapter, der über ein langes Kabel an das Blitzgerät angeschlossen wurde, gestattete es auch entfesseltes Blitzen. Später wurde eine überarbeitete, kleinere Version des Blitzgeräts X eingeführt, die kleinere Blitzbirnen ohne Adapter aufnahm.

Das unten abgebildete Gerät ist das Canon Blitzgerät Y aus dem Jahre 1952. Dieses gut ausgestattete Gerät besaß einen Schraubreflektor, der zur Anpassung des Leuchtwinkels an die Aufnahmebrennweite verstellt werden konnte. Durch

Kombination verschiedener Monozellen und Kondensatoren standen insgesamt zehn verschiedene Spannungsquellen zur Verfügung. An der Rückseite des Geräts befand sich ein kleines Rad zur Feineinstellung des Synchronisationszeitpunkts für die verschiedenen Spannungsquellen. Über den Canon Selbstverlängerungs-Adapter, der an die kameraseitige Blitzschiene angesetzt und an die Verlängerungskabel angeschlossen wurde, konnten zwei oder mehr Blitzgeräte mit der Kamera verbunden werden, so daß sich komplizierte Beleuchtungsanordnungen verwirklichen ließen. Auch fertigte Canon ein Spezialgerät für entfesseltes Blitzen, das Canon Side Lighting Unit, das mit einer gummibelegten Klemme an Türen, Möbelstücken usw. befestigt werden konnte. Mehrere dieser Geräte konnten gemeinsam eingesetzt werden.

Zum Zubehör dieser Blitzgeräte zählte die Blitzschiene S, eine Schiene L mit Synchronkabel zum Einsatz des Geräts mit Fremdkameras und die Schiene R mit Synchronkabel

zum Einsatz des Geräts mit Rolleiflex-Kameras und anderen Zweiäugigen. Auch lieferte Canon einen Blitztester.

Als Canon die Blitzschiene an seinen Kameras wegließ, wurde eine neue Reihe von Kolbenblitzgeräten eingeführt, die direkt an den Kabelkontakt an der linken Kameraseite angeschlossen wurden. Ein Beispiel hierfür ist das Blitzgerät V, das einen Fächerreflektor besitzt und deshalb besonders leicht aufzubewahren und mitzuführen ist. Das Blitzgerät V3 war ähnlich, kuppelte jedoch an späteren Kameramodellen mit dem Blitzschuh der Kamera und wurde über ein normales Synchronkabel angeschlossen.

Mitte 1950 trat der Elektronenblitz seinen Siegeszug an, und Canon nahm den Einsatz von E-Blitz bereits in seine Bedienungsanleitungen auf. Man selbst stellte noch keine Elektronenblitzgeräte her, empfahl jedoch in den Anleitungen aus dem Jahre 1955 die Verwendung von Heiland-Geräten.

Im folgenden wollen wir uns nicht jedes einzelne je von Canon hergestellte Elektronenblitzgerät anschauen, zumal es nur wenige Unterlagen darüber gibt und die ersten Geräte keine Besonderheiten aufwiesen. Vielmehr wollen wir uns auf die wichtigsten Modelle beschränken.

In den sechziger Jahren, als Canons Meßsucherkamera 7s und die SLR-Kameras mit FL-Bajonett populär waren, bot Canon ein einfaches Speedlite 100 an, das über einen Schuh aufgesetzt und mit einem Synchronkabel mit der Kamera verbunden wurde. Auch gab es ein stärkeres Speedlite 200, das über eine Blitzschiene angesetzt wurde.

Mit der Einführung des FD-Bajonetts und der FTb sowie F-1 stellte Canon auch ein spezielles Elektronenblitzsystem vor. Es erhielt die Bezeichnung CAT (Canon Auto Tuning). Es gab zwei Modelle, das Speedlite 133D und das Speedlite 500A. Das erstere war für die FTb, FTbn, EF und F-1 (mit Adapter) be-

Die Canon Blitzgeräte Y und B-1. Mit freundlicher Genehmigung von Jack Naylor.

stimmt, das letztere ausschließlich für die F-1. Beide waren zur ausschließlichen Kombination mit den Objektiven 1:1,4/50 mm, 1:1,8/50 mm und 1:2/35 mm bestimmt. Ein Blitzring wurde auf das Gegenlichtblendenbajonett des Objektivs gesetzt. Eine Gabel daran erfaßte einen Kupplungsstift am Objektiv, so daß sie mit der Drehung des Entfernungsrings verschoben wurde. Der Ring war über Kabel mit dem Blitzgerät verbunden.

Nach Einstellung des Kamera-Hauptschalters auf Blitz konnte die Meßnadel der Kamera nach der Fokussierung durch Drehen des Blendenrings mit der Meßkelle zur Deckung gebracht werden. Damit war die Blitzbelichtung eingestellt. Nachdem die Messung rein auf der Einstellentfernung beruhte, konnte sich im Gegensatz zu den meisten modernen Systemen der Blitzautomatik die Objektreflexion nicht störend bemerkbar machen. Als Nachteil stand für jede Entfernung nur eine bestimmte Blende zur Verfügung. (Dies gilt für das 133D; beim 500A standen vier Leistungsstufen zur Verfügung, doch wurde das Gerät sehr bald wieder eingestellt.) Während das Speedlite 133D im Zubehörschuh befestigt wurde, war das 500A ein Stabblitzgerät, das über eine Schiene an die Kamera

angesetzt und mit einem Adapter verbunden wurde, der auf den Sockel um den Rückspulknopf der F-1 paßte. Das CAT-System funktionierte gut, wurde dann jedoch wegen der Computer-Blitzgeräte eingestellt, die mehrere Arbeitsblenden boten und keinen speziellen Kupplungsring benötigten.

Wie bereits erwähnt, war das Canon Speedlite 155A, das zusammen mit der AE-1 eingeführt wurde, das erste Canon Systemblitzgerät. Zum ersten Mal brauchte sich der Fotograf nicht mehr um die Einstellung der richtigen Synchronzeit zu kümmern. Beim Einschalten des Speedlite 155A schaltete die Kamera automatisch auf 1/60 s. Und nicht nur das. Außerdem stellte das Gerät zwei Arbeitsblenden zur Wahl, die wiederum automatisch auf die Ka-

mera übertragen und am Objektiv eingestellt wurden. So konnte selbst ein Anfänger kaum etwas falschmachen. Das Speedlite 155A ließ sich auch als Computer-Blitz einsetzen, denn es besaß einen Sensor an der Vorderseite, der das reflektierte Licht empfing und den Lichtfluß stoppte, sobald ausreichende Belichtung gewährleistet war.

Das spätere Speedlite 199A bot dieselben Funktionen, jedoch drei Arbeitsblenden sowie manuelle Abschaltung der automatischen Einstellung der Synchronzeit zum Aufhellblitzen und so weiter. Auch gab es ein einfacheres Speedlite 133A, das zusammen mit der AV-1 eingeführt wurde, ein Speedlite 188A, das mit der AL-1 eingeführte Speedlite 166A mit zwei Arbeitsblenden, ein leistungsstarkes, doch vereinfachtes

Rechts und links:
Das Canon Speedlite 300EZ, das mit der EOS 650 und 620 eingeführt wurde.

Das zusammen mit der EOS-1 eingeführte Canon Speedlite 430EZ.

Das Canon Speedlite 160E, das primär für die EOS 850 bestimmt war.

Speedlite 177A und das winzige Taschengerät Speedlite 011A.

Bei Erscheinen der Neuen F-1 im Jahre 1981 forderten die Fotografen bereits sehr leistungsstarke automatische Blitzgeräte, so daß Canon zwei profitaugliche Geräte vorstellte, die Speedlites 533G und 577G. Beides waren Stabblitzgeräte,

die über eine Blitzschiene angesetzt wurden. Sie kuppelten mit der Kamera über einen Sensor G20 oder G100, der in den Zubehörschuh geschoben und über Kabel an den Blitz angeschlossen wurde.

Das Speedlite 533G konnte mit sechs Alkali-Mignonzellen oder wiederaufladbaren NC-Zellen betrieben werden, die im Gerät selbst Platz fanden, oder mit dem externen Transistorteil G, das sechs Alkali-Babyzellen oder das NC-Teil TP aufnahm. Das Gerät hatte Leitzahl 36 und leuchtete mit vorgeschalteter Weitwinkel-Streuscheibe den Bildwinkel eines 20-mm-Objektivs aus. Das Speedlite 577G war mit Leitzahl 48 noch leistungsstärker. Äußerlich war es ähnlich, konnte jedoch nur mit dem externen Transistorteil G betrieben werden. Beide Geräte hatten schwenk- und neigbare Reflektoren (120° Neigung, 120° Schwenkung nach rechts und links) für indirektes Blitzen.

Bis zu diesem Zeitpunkt hatte Canon bereits viele Elektronenblitzgeräte eingeführt, bei denen es sich jedoch ausschließlich um Computer-Blitzgeräte handelte. Obgleich Canon einige der Schlüsselpatente für die Blitzinnenmessung besaß, setzte man sie nicht ein. All dies änderte sich mit der Einführung der T90 im Jahre 1986. Sie war Canons erste Kamera mit einer auf den Verschluß gerichteten Blitzmeßzelle im Boden des Spiegelkastens. Bei diesem Verfahren wird das bei geöffnetem Verschluß von der Filmebene reflektierte Licht gemessen und der Lichtfluß des Blitzgeräts entsprechend gesteuert. Man bezeichnet dies als Innen- oder TTL-Messung.

Selbstverständlich kann diese eingebaute Blitzmeßzelle nur im Verein mit einem geeigneten Blitzgerät funktionieren, und so stellte Canon das Speedlite 300TL zusammen mit der Kamera vor. Dieses eignete sich nicht nur für die Blitzinnensteue-

Canon Zubehör

*Das neueste
Canon Blitz-
gerät, Speedli-
te 480EG, mit
WW/Televor-
satz 400 für
Auffächerung
des Blitzes auf
20 mm bzw.
zur Bündelung
für 135 mm
und kürzere
Brennweiten.*

rung, sondern auch für die neue Canon Blitzautomatik A-TTL für automatisches Aufhellblitzen bis zur kürzesten Synchronzeit 1/250 s. Damit wurden die Möglichkeiten des Aufhellblitzens in einer Vielfalt von Situationen entscheidend erweitert. Das 300TL war auch das erste Gerät, das die Synchronisation auf den zweiten Verschlußvorgang zuließ.

Als Canon 1987 seine revolutionären EOS-Kameras einführte, waren diese auch von geeignetem Blitzzubehör begleitet. Zunächst bot Canon die Speedlites 300EZ und 200E an. Das 300EZ war ein einfaches Gerät ohne Reflektorneigung, jedoch mit beachtlicher Leistung (LZ 30). Darüber hinaus bot es A-TTL und Innenmessung, automatische Reflektoreinstellung auf Brennweiten von 28 – 70 mm, eine Strobo-

skop-Funktion sowie Synchronisation auf den zweiten Vorhang.

Das Speedlite 200E war wesentlich einfacher, nur für automatische Innenmessung geeignet, mit LZ 20 und einem feststehenden Reflektor, der Bildwinkel bis hinab zur Aufnahmebrennweite 35 mm ausleuchtete (mit der als Zubehör lieferbaren Weitwinkel-Streuscheibe 200E bis 28 mm).

Mit der EOS-1 stellte Canon auch ein bemerkenswertes Blitzgerät vor, das Speedlite 430EZ. Dieses bietet außer all den Funktionen des 300EZ eine erstaunlich hohe Leitzahl (43), die Möglichkeit der Blitzleistungskorrektur in Drittelstufen um ± 3 Blenden, automatische Einstellung des Zoomreflektors im Bereich von 24 – 80 mm (auch manuell), verschiedene Leistungsstufen im manuellen Betrieb sowie einen schwenk-

und neigbaren Reflektor für indirektes Blitzen. Das Speedlite 430EZ kann mit vier Alkali-Mignonzellen bzw. NC-Zellen oder einem externen Transistorteil E für sechs Babyzellen bzw. ein NC-Batterieteil betrieben werden.

Kurz vor Drucklegung stellte Canon sein neuestes Blitzgerät vor, das Speedlite 480EG. Es ist ein großes Stabgerät mit Leitzahl 48 bei Volleistung. Außerdem kann es im Automatikbetrieb auf halbe und Viertelleistung geschaltet werden. Das Gerät ist geeignet für Innenmessung, Computer-Blitzbetrieb mit einem externen Sensor oder Handeinstellung. Es bietet weder eine A-TTL-Funktion noch Synchronisation auf den zweiten Vorhang. Geschaffen wurde es für die Action-Fotografie mit hoher Blitzleistung und nicht für besondere Effekte oder automa-

133

tisches Aufhellblitzen. Der Leucht-winkel des Reflektors reicht bis Brennweite 28 mm aus. Mit Vorsät-zen kann der Bereich nach unten auf 20 mm und nach oben auf 135 mm ausgedehnt werden. Mit Hilfe einer als Zubehör lieferbaren Slave Unit E kann das Gerät als kabellos gezünde-ter Zweitblitz genutzt werden.

Zubehör für aktuelle Canon Blitzgeräte

Für die Canon Systemblitzgeräte für EOS-Kameras sind eine Reihe von nützlichen Zubehörkomponenten er-hältlich. Am wichtigsten und wohl weitesten verbreitet ist das Kabel für entfesseltes Blitzen. Dies ist ein Spiralkabel mit einem Kamera-Adap-ter an einem und einem Blitzadapter am anderen Ende. Es gestattet die Verwendung eines jeden EOS-kom-patiblen Blitzgeräts aus einem Ab-stand bis zu 60 cm von der Kamera. Nicht kompatibel ist es mit der EOS 600 bzw. RT.

Ein Zubehörsystem gestattet fer-ner den gleichzeitigen Einsatz meh-rerer Blitzgeräte mit Innensteue-rung. Hierzu wird zunächst ein TTL-Mittenkontakt-Adapter 2 benötigt, der auf die Kamera paßt und ein Blitzgerät aufnimmt. Dann folgt der Adapter für entfesseltes Blitzen, der das zweite Gerät aufnimmt. Die Ver-bindung übernimmt das 60 cm lange Kabel 60 oder ein 3 m langes Kabel 300. Durch Anschluß eines TTL-Ver-teilers an das kameraferne Ende ei-nes dieser Kabel können bis zu drei weitere Kabel angeschlossen und da-mit bis zu drei weitere Blitzgeräte eingesetzt werden. Mit anderen Worten, es können insgesamt vier Blitzgeräte zum Einsatz kommen, ei-nes auf der Kamera, die übrigen drei getrennt, ohne daß auf Innenmes-sung verzichtet werden müßte.

Die Canon Ringblitzleuchte ML-3 für EF-Objektive.

Canon Ringblitzleuchten

Bei sehr kurzen Aufnahmeabständen stoßen normale Blitzgeräte auf Schwierigkeiten. Oft sind sie einfach zu leistungsfähig und führen selbst bei Minimaleinstellung zur Überbelich-tung. Oder sie sind zu groß und schwer, um sich für Nahaufnahmen zu eignen. Zur Lösung dieser Probleme schuf Canon seine Ringblitzleuchten.

Die erste, das ML-1, ist ein Com-puter-Blitzgerät mit zwei kleinen Blitzreflektoren zu beiden Seiten ei-nes Rings, der auf das Objektiv ge-steckt wird. Dieser Ring wird an ein kleines Steuergerät im Zubehör-schuh der Kamera angeschlossen. Ein getrenntes Spannungsteil nimmt acht Alkali-Mignonzellen oder NC-Zellen auf. Das ML-1 bewährte sich gut, bot jedoch keine Innenmessung.

Etwa gleichzeitig mit der Ein-führung der T90 wurde das ML-1 durch das ML-2 ersetzt, denn die T90 war die erste Kamera, die Blitz-innenmessung bot. Das ML-2 sieht eher wie eine herkömmliche Ring-blitzleuchte aus: Ein runder Reflek-tor enthält zwei bogenförmige Blitz-röhren und wird vorn am Objektiv befestigt; ein getrenntes Batterie-teil/Steuergerät paßt in den Zu-behörschuh der Kamera. Das Gerät bietet volle Blitzinnenmessung und damit bequeme, geblitzte Nahauf-nahmen bei jedem Maßstab.

Mit den EOS-Kameras kam schließlich das ML-3 auf den Markt. Rein äußerlich ist es mit dem ML-2 identisch, ist jetzt jedoch auf EF-Ob-jektive abgestimmt. Es ist primär für das Kompakt-Makro EF 1:2,5/50 mm und das Makro EF 1:2,8/100 mm bestimmt, läßt es sich jedoch auch mit anderen EF-Objektiven ein-setzen.

Kameras, die Träume blieben

Die Canon Prototypen

Wie bei anderen Kameraherstellern auch, läuft die Entwicklung bei Canon stets auf Hochtouren. Einige der dabei entstehenden Produkte schaffen es bis zur Serienreife, anderen wiederum gelingt dieser Sprung nie – aus welchen Gründen auch immer. Zum Glück hat Canon die meisten seiner Prototypen aufbewahrt und war so freundlich, Fotos von vielen dieser Entwürfe für dieses Buch zur Verfügung zu stellen. Lassen Sie sich deshalb entführen in eine Kamerawelt, die es nie gab.

Canon
L10801T
Canon Camera Co. Japan No.5907101

Canon
MODEL VT de luxe

Oben:
Anfang der fünfziger Jahre experimentierte Canon mit verschiedenen Formen der Blitzsynchronisation. Diese Canon IIc wurde nachträglich mit einem Blitz-Synchronwähler versehen. Die Stellung F steht dabei für 1/60 Sekunde und längere Zeiten, die Stellung S für Zeiten von 1/15 s und längere Zeiten. Die Neuerung wurde später in die Canon IIA1, IIAX und IIc übernommen.

Links oben:
Diese elegante Kamera sieht fast aus wie ein Prototyp für eine fortschrittliche Canon Meßsucherkamera mit Wechselobjektiven. In Wirklichkeit war sie ein Prototyp für eine Zentralverschlußkamera mit feststehendem Objektiv und einem Copal-Verschluß. Sie ist eine frühe Studie aus dem Jahr 1958. Später wurden Details dieser Konstruktion in der 1966 eingeführten Canonet-Reihe verwendet. Ungewöhnlich an dieser Kamera sind ihre weichen, Leica-ähnlichen Konturen und ihr heller Realbildsucher.

Links unten:
Diese Canon VT Deluxe wurde mit einem eingebauten Selen-Belichtungsmesser versehen, der in einem Fenster vor jener Stelle abgelesen wird, an der sich sonst der Filmtransportknopf befindet. Dieser wurde weggelassen. Die Kamera konnte nur mit dem Hebel in der Bodenplatte aufgezogen werden. Im Prinzip war sie ein Versuchsmuster für das Belichtungsmeßsystem, das später in die Canon 7 eingebaut wurde. Der hier abgebildete Prototyp entstand vermutlich im Jahre 1956.

Oben:
Als dieser Prototyp im Jahre 1956 gebaut wurde, hatte Canon offensichtlich bereits eine recht gute Vorstellung, wie die Canonflex aussehen sollte. Der Prototyp unterscheidet sich nur in einigen kleineren Details von der Serienkamera. Er hat Verschlußzeiten von 1/30 s bis 1/2000 s, einen Rückschwingspiegel und eine Springblende. Der Verschlußzeitenknopf dreht sich während der Belichtung nicht mit.

Rechts oben:
Diese recht eigenartig aussehende SLR-Kamera ist der fortgeschrittene Prototyp einer Kamera mit Belichtungsautomatik. Er entstand 1968 und bot Blendenautomatik. Er hätte eine eigene Reihe von Objektiven hoher Qualität und Lichtstärke erfordert, die über ein sehr großes Bajonett angesetzt wurden. Der Sucher war insofern ungewohnt, als er von Aufsicht auf Durchsicht umgestellt werden konnte. Wenngleich diese hochinteressante Kamera nie in Serie ging, finden sich einige ihrer neuartigen Konstruktionsmerkmale in späteren Canon Kameras wieder. Ihr Sucher wurde zum Vorbild für den Optischen Sportsucher der F-1. Da das Versuchsmuster keinen Namenszug trägt, mag es sich um einen »Erlkönig« gehandelt haben.

Rechts unten:
Dieser Prototyp wurde 1981 gebaut und ist ein sehr weit fortgeschrittenes Versuchsmuster des geplanten Nachfolgers der Canon A-1, die 1978 eingeführt wurde. Weil Canon jedoch bereits seine T-Kameras auf den Markt gebracht hatte, beschloß man, jede Weiterentwicklung der A-Reihe aufzugeben, so daß diese Kamera nie in Serie ging.

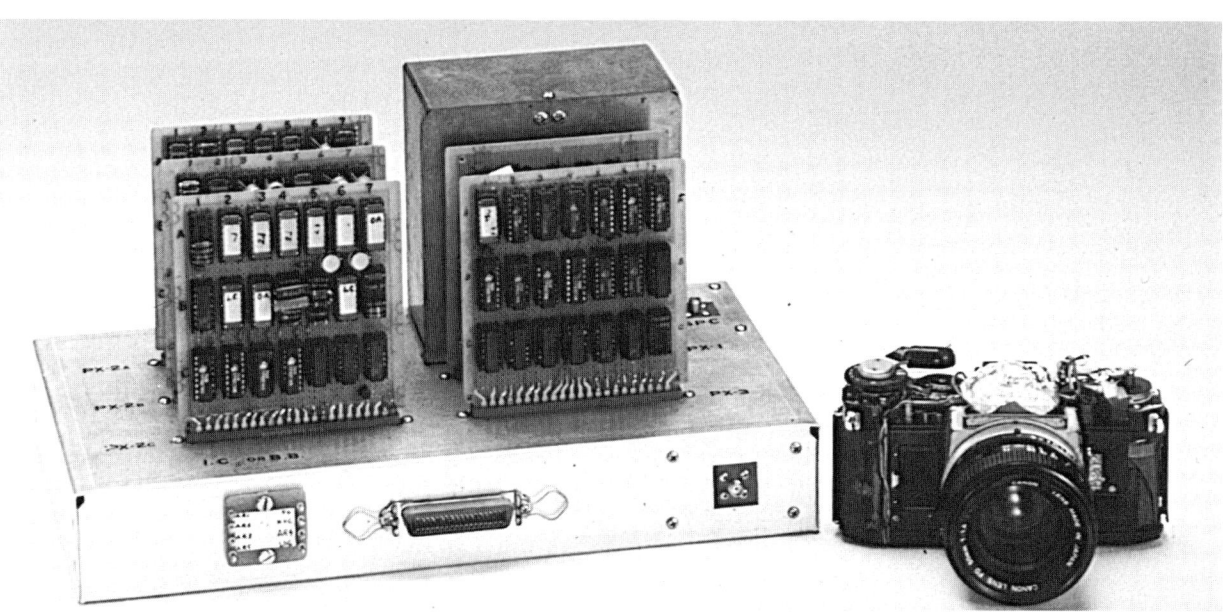

Oben: Wie bereits erwähnt, arbeitete Canon schon sehr frühzeitig an der automatischen Fokussierung. Diese Kamera ist ein funktionsfähiger Prototyp der ersten Autofokus-Kamera, die Canon auf der sechsten photokina im März 1963 vorstellte. Sie erregte beträchtliches Aufsehen in der Fotoindustrie, zumal Canon erklärte, sie ließe sich in wenigen Jahren zur Serienreife bringen. In Wirklichkeit jedoch mußten wir fast fünfzehn Jahre auf die erste serienmäßige Autofokus-Kamera warten, die Konica C35AF. Ein zweiter und angeblich noch weiterentwickelter Prototyp wurde auf der photokina des folgenden Jahres gezeigt, und 1966 schließlich eine dritte Version, die nicht mehr für Kleinbildfilm eingerichtet war, sondern für Kassettenfilm 126.

Wie ersichtlich, basierten alle diese Kameras auf einem AF-Detektor, der durch ein getrenntes, zweites Objektiv blickte. Dieses System, bei dem die Detektoren aus CdS-Zellen bestanden, taugte nur für gute Beleuchtung, sprach relativ langsam an und erwies sich schließlich als Sackgasse. Doch es gab Canon einen entscheidenden Vorsprung in der Entwicklung von Autofokus-Kameras.

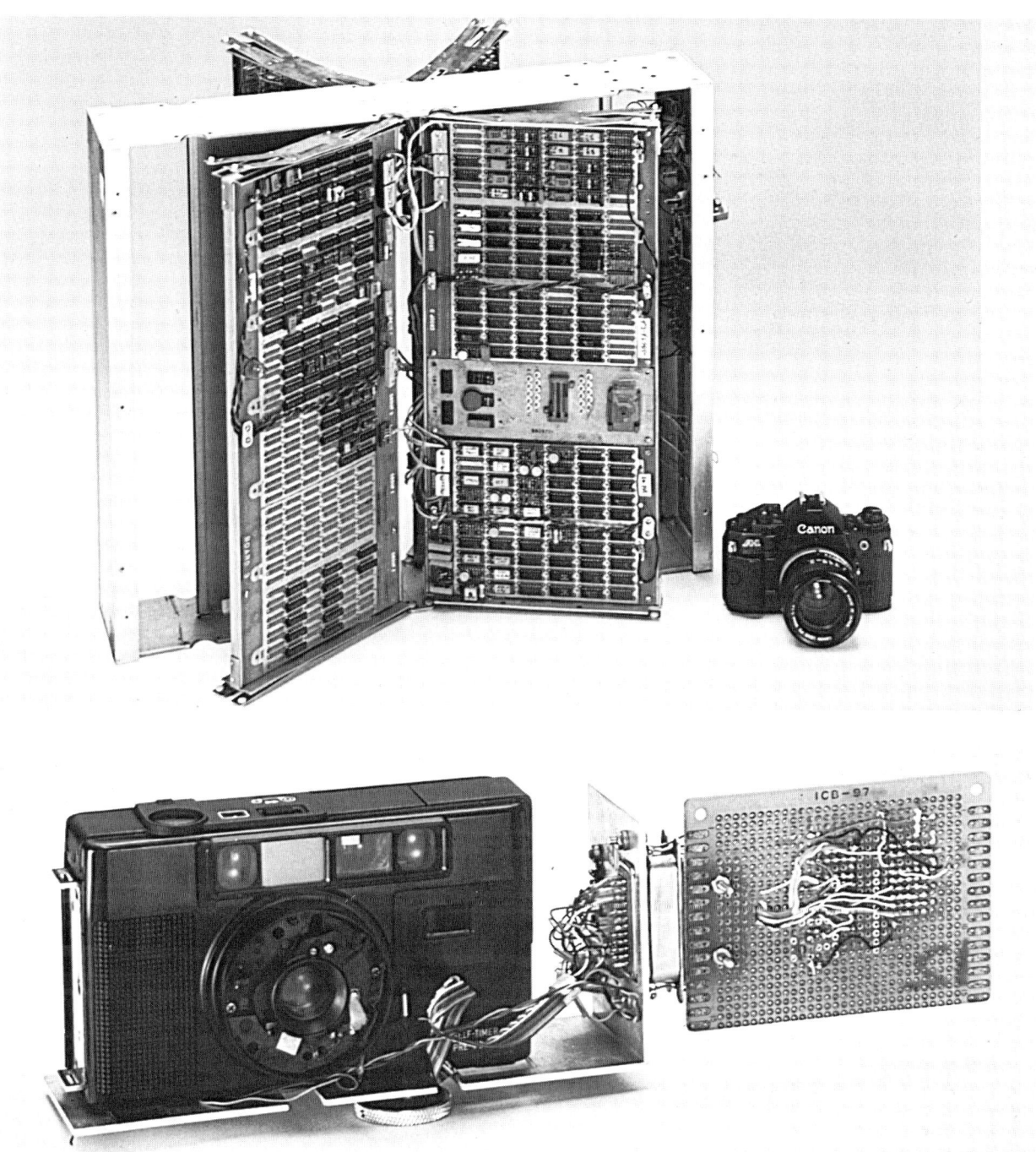

In den Tagen mechanischer Kameras war es relativ leicht, ein neues Konstruktionsprinzip zu erproben: Man baute eine Kamera von Hand und probierte sie aus. Nicht mehr so einfach ist es bei den Mikrochips, die moderne Kameras steuern. Sie sind teuer in der Entwicklung und Herstellung, und es ist einfach nicht sinnvoll, einzelne oder nur wenige Versuchschips zu bauen, die in die Kameras eingebaut werden könnten. Deshalb baut man das System erst einmal mit herkömmlichen Bauteilen zur Erprobung. Links abgebildet ist der 1975 gebaute Prototyp des elektronischen Steuersystems der AE-1, oben jener des elektronischen Steuersystems der A-1 und darunter eine viel einfachere Steuerung für eine Kompaktkamera, die Canon AF35M aus dem Jahre 1979. Erst wenn diese Prototypen ihre Funktionsfähigkeit bewiesen haben, werden entsprechende Chips gefertigt. Der Vergleich mit herkömmlichen Bauteilen zeigt, welch komplexe Steuerungssysteme sich auf kleinstem Raum in modernen elektronischen Kameras befinden – oder was wir herumschleppen müßten, wollten wir Vergleichbares ohne Miniaturelektronik bewältigen!

Canon
CANON CAMERA CO., INC
CANON LENS 45mm 1:1.4

Canon
ABCDEFGHIJKLM
NOPQRSTUVWXY
50
100
200
400
1000
ISO
CANON LENS
NE/USmm T:C.E/E.R

Oben:
Dies ist der Prototyp der Canodate E aus dem Jahre 1969, ein frühes Experiment mit der Dateneinbelichtung. Die Kamera konnte das Datum auf Wunsch in jedes Bild einbelichten. Ein getrenntes Systemblitzgerät zündete nur bei Bedarf. Die schlanke Konstruktion mit integriertem Schnellschalthebel war sowohl angenehm als auch praktisch.

Links oben:
Und nun ein Blick auf einige interessante Entwicklungen, die nie über das Stadium des Prototyps hinauskamen. Die erste ist eine Canonet QL mit Objektiv 1:1,4. Sie sollte gegen die Konkurrenz von Yashica, Kowa und anderen mit Objektiven 1:1,4 oder 1:1,5 antreten, die damals (1966) populär waren. Sie ging jedoch nie in Serie, weil sie zu groß war und die Entwicklung bereits in Richtung kompakterer Konstruktionen ging.

Links unten:
Dieser Prototyp einer Kamera mit motorischem Filmtransport und motorischer Rückspulung wies ein versenkbares Objektiv auf, um die Konstruktion kompakter zu machen. Das Versuchsmuster geht auf das Jahr 1985 zurück. Ein in den Strahlengang einschwenkbares optisches Glied ergab zwei verschiedene Brennweiten, einmal 1:2,8/40 mm, zum anderen 1:4,5/70 mm. Die erste Canon Kamera mit einer solchen Konstruktion wurde 1986 eingeführt.

Oben:
Da viele Hersteller in den späten sechziger Jahren sehr kompakte Kameras anboten, baute Canon 1968 diesen Prototyp einer Kleinbild-Balgenkamera. Das Objektiv war ein 1:2,8/40 mm. Die Kamera erinnert an die heutige Klapp-Minox für Kleinbild und hat keinen E-Messer, sondern Skaleneinstellung. Es ist nicht feststellbar, warum es dieser Prototyp nicht bis zur Serienreife schaffte, denn er wirkt recht ansprechend. Vielleicht war Canon zu jener Zeit zu sehr mit anderen Projekten beschäftigt.

Rechts oben:
Dieser mit Canonet 7M gekennzeichnete Prototyp sollte die Canonet-Baureihe erweitern. Er wurde 1972 gebaut und hatte einen Schnellschalthebel mit Vorwicklung des gesamten Films auf die Aufwickelspule und bildweiser Rückspulung in die Filmpatrone. Damit konnte bei versehentlichem Öffnen der Rückwand nicht der ganze Film verdorben werden, weil sich die belichteten Aufnahmen bereits in der Patrone befanden. Dieses Prinzip wurde damals nicht in die Praxis umgesetzt, fand später jedoch seinen Weg in einige EOS-Modelle.

Rechts unten:
Prototyp einer wetterfesten Canon Kamera aus dem Jahre 1983. Die Konstruktion basierte auf der sehr erfolgreichen Canon Snappy von 1982. Später wurde dieses Konzept in der Canon AS-6, einer wetterfesten Kamera, verwirklicht.

Canon
40mm 1:2.8
CANON LENS
CANON INC

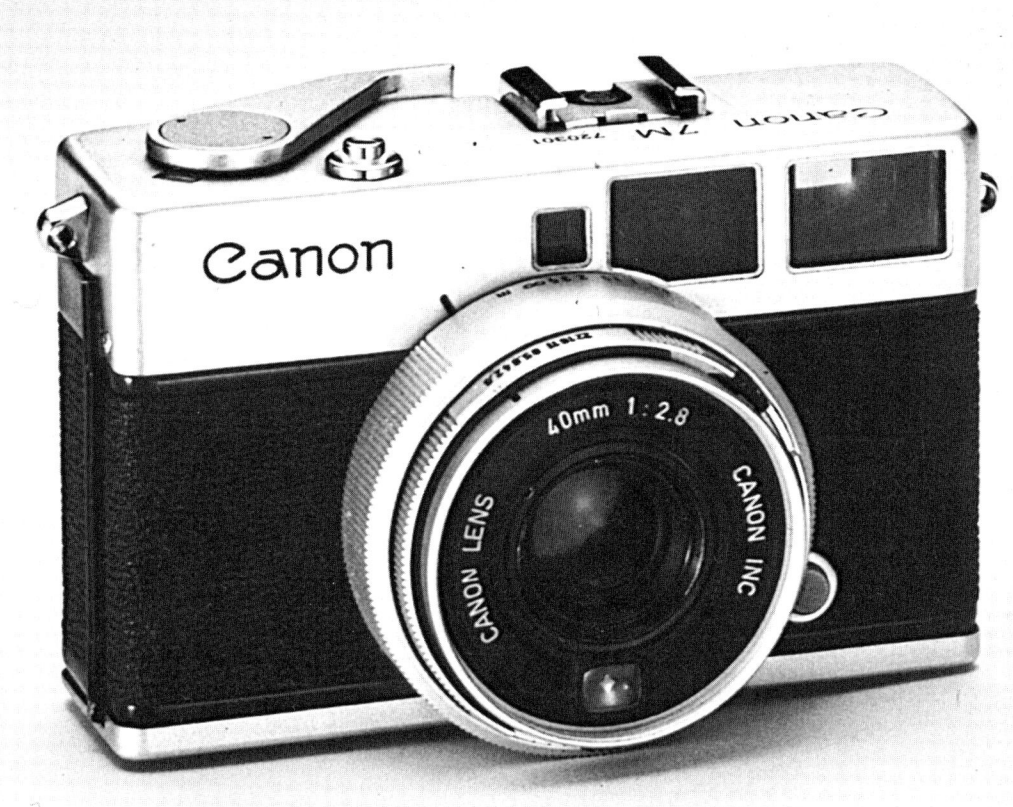

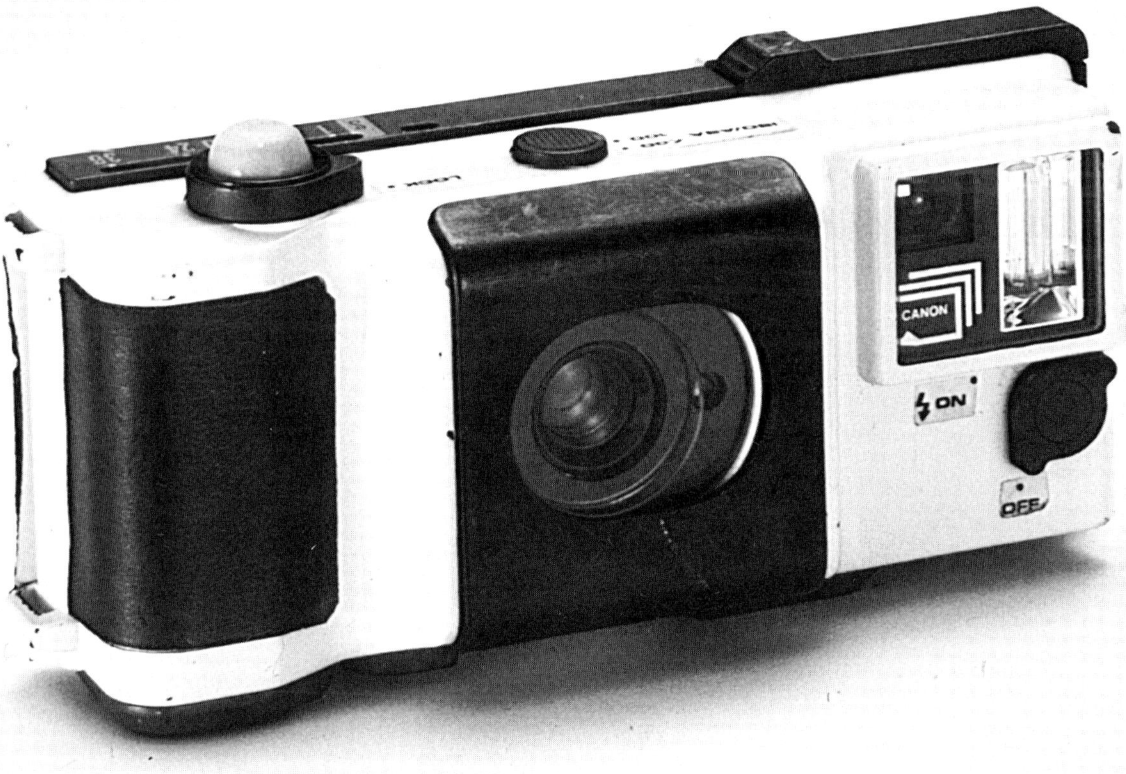
CANON
ON
OFF

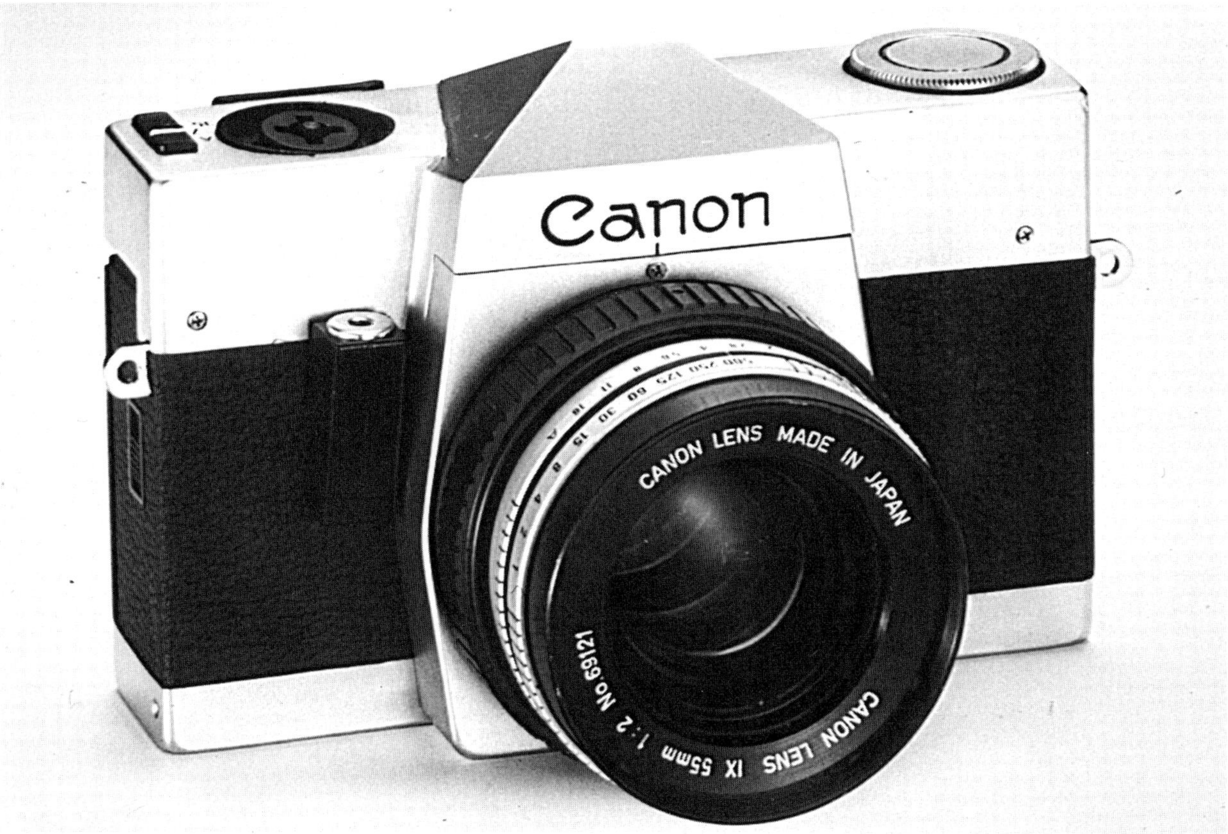
Canon
CANON LENS MADE IN JAPAN
CANON LENS IX 55mm 1:2 No.69121

Canon
CANON
CAMERA
CO.,INC
250 125 60 30 15 8 B
CANON LENS SH
28mm 1:2.5

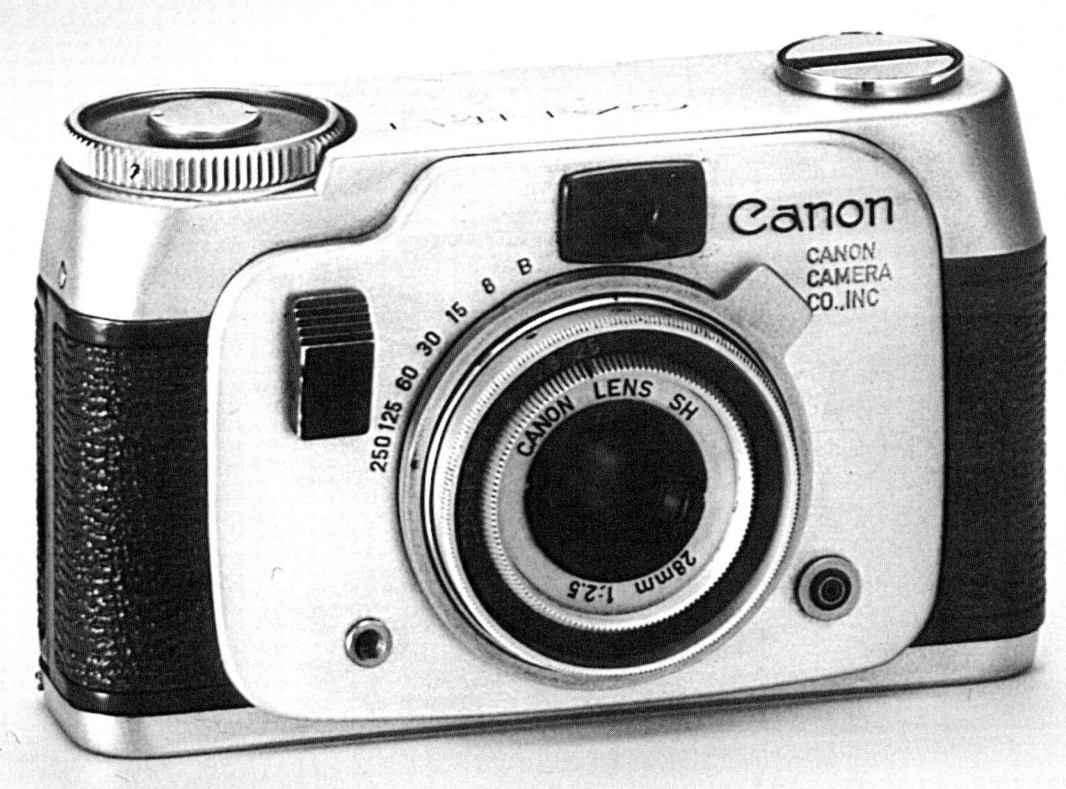

Rechts:
Dieser ungewöhnliche Proto-
typ basierte auf der populären
Canon Dial. Er stammt aus
dem Jahre 1970. Das gesam-
te Gehäuse ist mit einer
dicken Gummi-Schutzschicht
belegt und wetterfest. Die Ka-
mera bot automatischen Film-
transport und Rückspulung
mit einem eingebauten Feder-
werk. Das Objektiv war ein
1:1,7/30 mm, der Verschluß
eine spezielle Drehlamellen-
konstruktion. Leider wurde
der Prototyp gerade fertig, als
die Begeisterung für Halbfor-
matkameras abzuflauen be-
gann, so daß er nie in Serie
ging.

Links oben:
In den späten sechziger Jahren produzierten eine Reihe von Herstellern SLR-Kameras mit Wech-
selobjektiven für das Kassettenformat 126. Die Kodak Instamatic Reflex ist wahrscheinlich die
bestbekannte, doch auch Zelss-Ikon und Rollei stellten hochwertige Kameras für dieses Format
her. Im Jahre 1970 baute Canon diesen Prototyp einer 126er SLR mit Wechselobjektiven und zu-
sätzlicher Dateneinbelichtung. Wie einige der anderen, wechselte auch die Canon Kamera nicht das
gesamte Objektiv, sondern nur das Vorderglied. Sie nahm Blitzwürfel und ihr Spezialblitzgerät
auf, das bei Bedarf automatisch zündete. Für Canon ungewöhnlich war der Sucher: Er enthielt
keine mattierte, sondern eine klare Einstellscheibe mit Luftbild und einem kleinen Prismenraster.
Die Belichtungsautomatik basierte auf Innenmessung. Canon nahm die Fertigung dieser Kamera
nie auf, weil sie einfach zu teuer gewesen wäre.

Links unten:
Das von der 1959 eingeführten Olympus Pen kreierte Halbformat löste eine Menge Begeisterung
und Interesse aus. Viele Kamerahersteller beschlossen, sich gleichfalls diesem neuen Format zuzu-
wenden, darunter auch Canon. Und so kam es, daß Canon eine Reihe sehr guter Halbformatka-
meras baute. Die links abgebildete, recht »deutsch« aussehende Kamera ist ein Canon Prototyp
von 1961, der aus einem 1960 gebauten Prototyp hervorging. In seiner Formgebung unterschei-
det er sich grundsätzlich von allen anderen Canon Prototypen und Serienkameras. Das kompakte
Gehäuse war mit einem Objektiv 1:2,5/28 mm ausgestattet. Die Belederung war grau statt des
für Canon typischen Schwarz.

Oben:
Als das Kodak Kassettensystem 126 seine volle Auswirkung auf den Markt zu entfalten begann, entwickelte Agfa in Deutschland ein Konkurrenzsystem, das Agfa-Rapid-System. Dieses basierte auf normalem Kleinbildfilm, der von Kassette zu Kassette gespult wurde. Wenngleich Agfa die Rapid-Kameras und Filme auch exportierte, faßte das System außerhalb Deutschlands nie richtig Fuß und wurde in den meisten Ländern sehr schnell wieder eingestellt. Canon baute einen Prototyp für das Rapid-System, stellte die Kamera jedoch klugerweise nie in Serie her.

Rechts oben:
Dies ist ein sehr interessanter Prototyp einer Canon Stereokamera. Er entstand 1971 und war für dasselbe Format (24x24) vorgesehen wie die damals sehr beliebte Stereo Realist. Die Canon Konstruktion war sehr fortschrittlich, mit Programmautomatik, einem motorischen Filmtransportsystem mit Federwerksantrieb, einem Prismensucher mit aufrechtstehendem Luftbild und feststehenden Objektiven 1:1,7/40 mm. Die Objektive und die Belichtungsautomatik stammten von der Canonet G-III 1.7. Stereofotografen werden es sehr bedauern, daß diese Kamera nie gebaut wurde, denn sie hätte alle anderen geschlagen. Doch Canon sah keinen ausreichend großen Markt, um die Serienfertigung dieser Kamera zu rechtfertigen. So blieb sie ein Prototyp.

Rechts:
Das Beste zum Schluß – die phantastischen Entwürfe, die Luigi Colani 1985 für Canon schuf. Zunächst eine hochentwickelte Kleinbild-SLR mit eingebauten Zoomobjektiv 35-70 mm. Auffällig die Anklänge an die spätere T90 und die EOS-Modelle. Mit der Kamera verschmolzen ist der links angesetzte Handgriff mit dem Spezialblitzgerät. Dies war der erste Entwurf für eine der sogenannten Bridge-Kameras, wie sie Canon noch nicht auf den Markt gebracht hat, womit jedoch Ricoh, Chinon und Olympus Erfolge erzielen konnten. Das Konzept der Kamerasteuerung über einige Tasten auf der Oberseite und ein Einstellrad war bereits recht weit gediehen. Sogar die Gegenlichtblende war fest eingebaut.

149

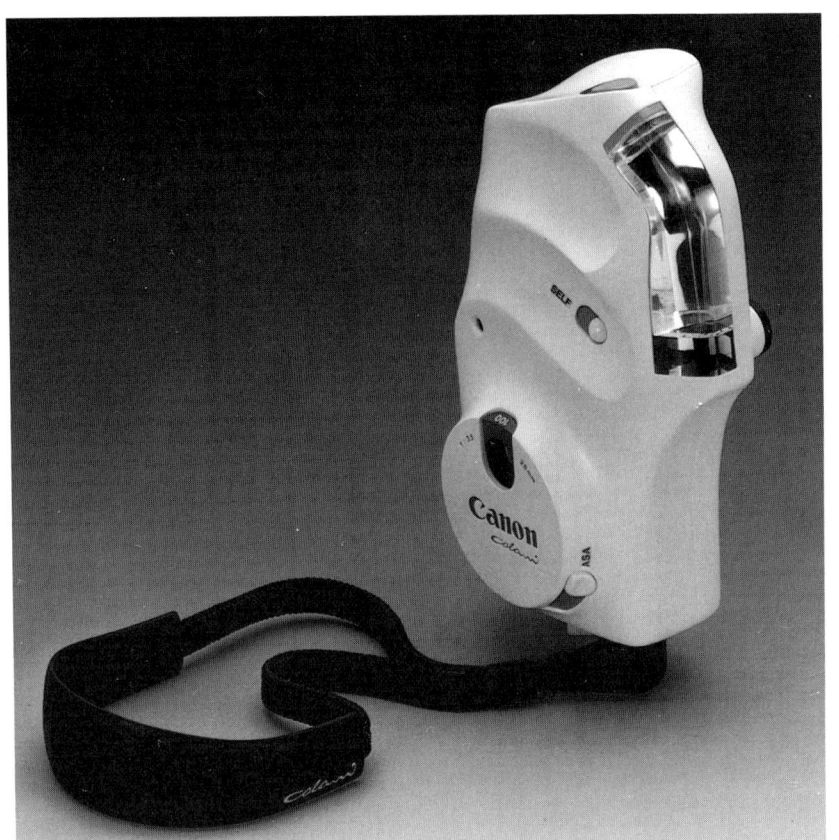

Links:
Diese ungewöhnliche kleine Kamera war für die Damenhandtasche gedacht. Mit ihren Konturen paßte sie sich perfekt der Hand an. Ihr eingebautes Blitzgerät mit dem sehr großen Reflektor war möglichst weit vom Objektiv entfernt, um rote Augen zu vermeiden. Es war der letzte Prototyp Canons für das Halbformat.

Oben:
Bei einer direkten Befragung in Tokio hielt sich Canon ziemlich bedeckt, als es um die Frage ging, ob man die Absicht habe, sich auch dem Mittelformat zuzuwenden und diesen Prototyp zur Serienreife zu bringen. Man wollte sich nicht festlegen, und so blieb es bei der ausweichenden Antwort, daß man in der Vergangenheit keine Mittelformatkamera gebaut habe. Und das wiederum ist kein Geheimnis.

Links unten:
In seiner langen Geschichte hat Canon normale fotografische Aufnahmekameras nur für Kleinbild und kleinere Formate hergestellt. Wie viele anderen Hersteller auch, war man jedoch durchaus auch am Mittelformat interessiert. Dieser hier beidseitig gezeigte Prototyp war ein Versuch zur Schaffung einer besonders ergonomisch gestalteten Kamera für das Format 645. Er hatte motorischen Filmtransport, Auslöser rechts oder links, Wechselobjektive und einen LCD-Sucher auf der Oberseite. Wäre diese Kamera in Serie gegangen, sie wäre die fortschrittlichste Mittelformatkamera gewesen, die je gebaut wurde.

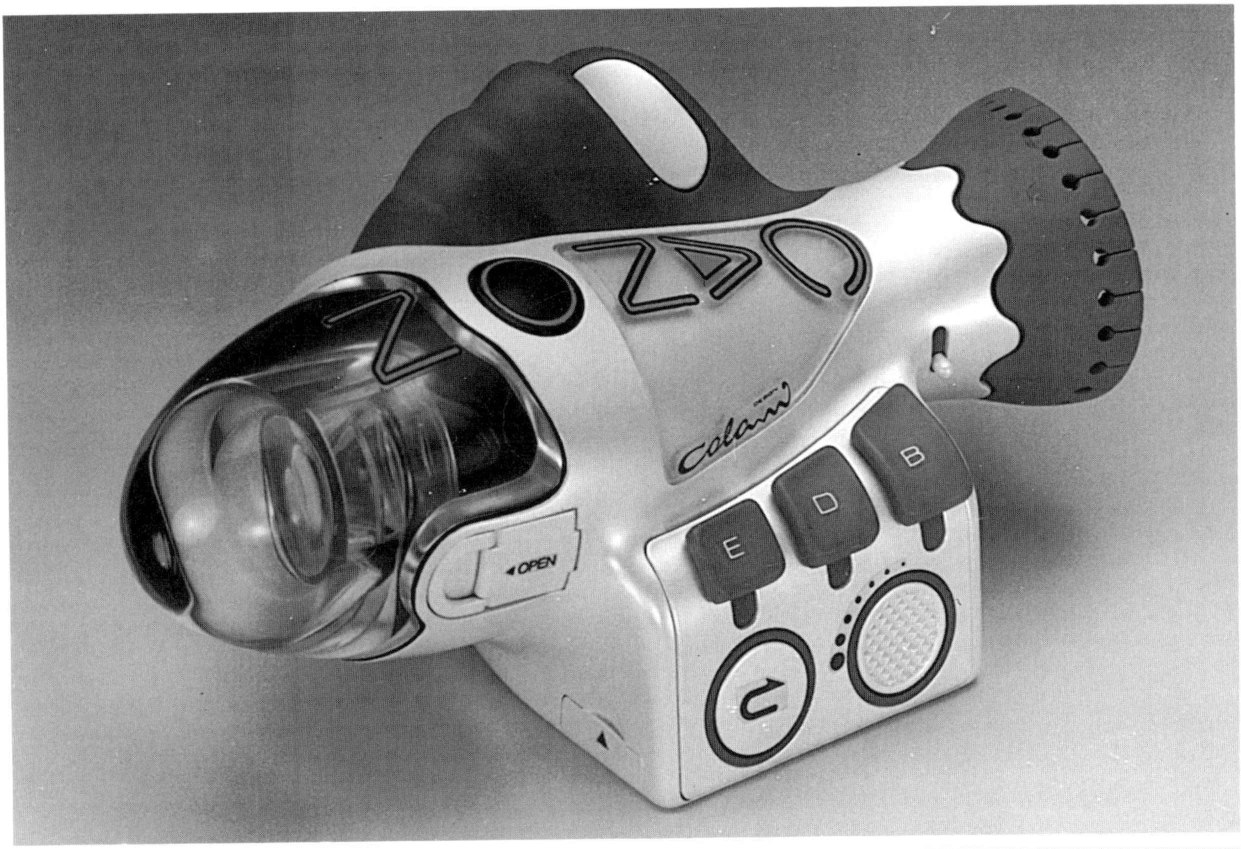
OPEN
E
D
B

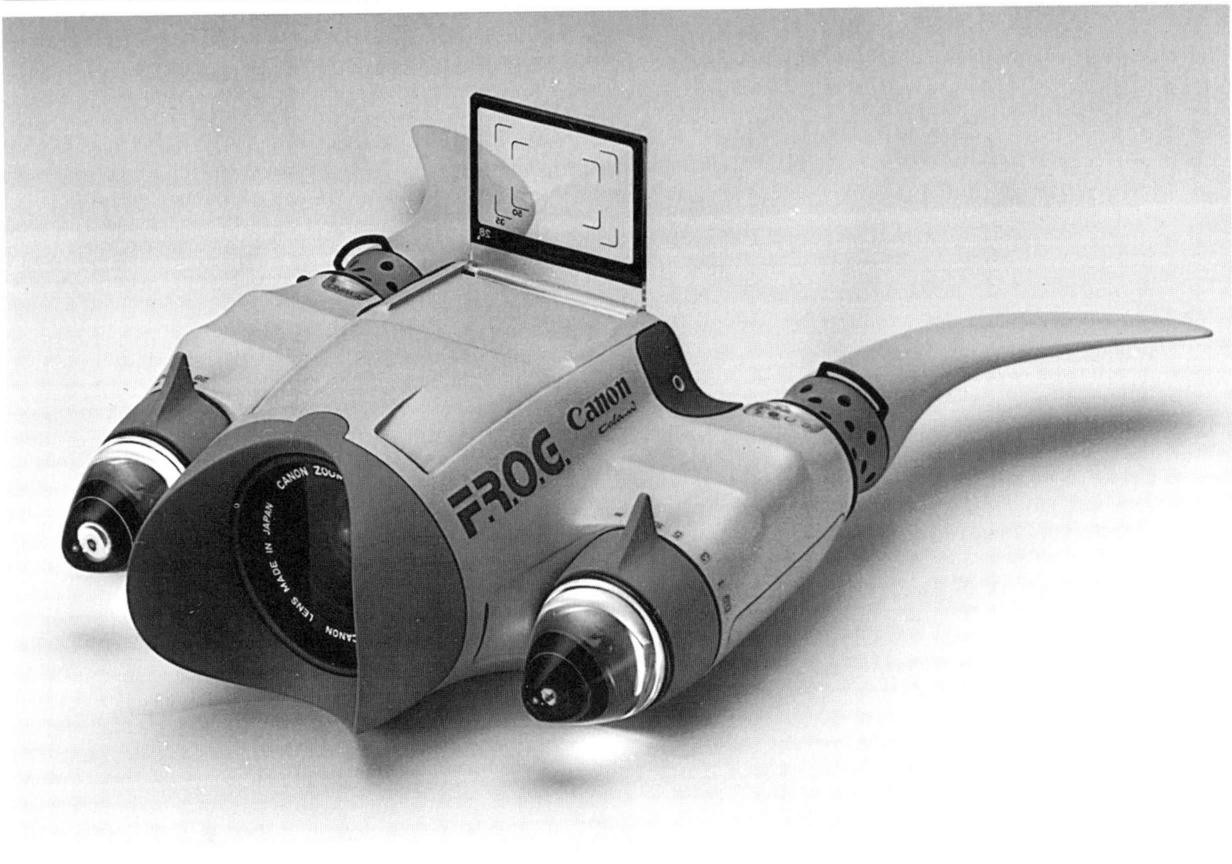
F.R.O.G.
Canon
CANON ZOOM
LENS MADE IN JAPAN

Links:

Diese beiden höchst ungewöhnlichen Prototypen sind beides sehr funktionelle Unterwasserkameras. Oben sehen wir eine Canon Schmalfilmkamera in einem besonderen Unterwassergehäuse. Die drei großen Tasten steuern die wichtigsten Kamerafunktionen. Außerdem sind Gang, Blende und Rückwärtslauf für besondere Effekte einstellbar. Der Spezialsucher wurde für bequeme Betrachtung mit einer Tauchermaske konstruiert. Die Kamera ging nie in Serie, weil Schmalfilmkameras bereits im Aussterben waren und durch Video ersetzt wurden.

Links unten:

Diese Kamera ist das vielleicht stilvollste aller Versuchsmuster überhaupt. Es handelt sich um eine Kleinbild-Unterwasserkamera mit der Bezeichnung FROG. Der Taucher faßt sie an den beiden seitlichen Handgriffen. Die Bedienung erfolgt mit den Hebeln an den beiden seitlichen Blitzkuppeln und den hinteren Flossen. Der große Rahmensucher dient zur Ausschnittwahl.

Das war ein kleiner Streifzug durch die Experimentierkammer Canons. Einige der Konstruktionen waren von Anfang an zum Scheitern verurteilt, weil sich der Markt in eine andere Richtung entwickelte; einige fielen dem Rotstift zum Opfer; einige lieferten wertvolle Erkenntnisse für spätere Projekte, und wieder andere schließlich schafften den Sprung zur Serienfertigung mit nur wenigen Änderungen. Doch die Entwicklung steht nie still, und wir dürfen überzeugt sein, daß auch heute wieder in aller Verschwiegenheit zahlreiche Projekte im Entstehen sind.

Fakten und Zahlen über Canon Kameras

Die nachstehenden Tabellen wurden mit großer Sorgfalt zusammengestellt. Sie enthalten umfassende, aktuelle Daten, die sowohl für den Besitzer einer Canon Ausrüstung als auch für den Sammler von Canon Kameras von Interesse sein dürften.

Bei der Zusammenstellung dieser Tabellen wurde großer Wert darauf gelegt, neue Kameramodelle ebenso zu erfassen wie zum Beispiel Objektive, die inzwischen durch Neurechnungen abgelöst oder anderweitig aus dem Programm genommen wurden, um mit diesem Material möglichst viele Fragen beantworten zu können.

Canon FD-Objektive	Einführungsdatum	Diagonaler Bildwinkel	Linsen/Glieder	Sonderglas	Kleinste Blende	Naheinstell-grenze (m)	Filter Ø (mm)	Objektivbeutel	Objektivköcher	Gegenlichtblende	Baulänge (mm)	Gewicht (g)	Bemerkungen
Festbrennweiten													
FE 5.6/7.5mm	6/71	180°	8-11	—	22	Fixfokus	eingebaut	LH-C10	LS-B11	Keine	62	380	Kreisfischauge (23 mm)
FE 5.6/7.5mm SSC	2/73	180°	8-11	—	22	Fixfokus	eingebaut	LH-C10	LS-B11	Keine	62	380	Gleiches Objektiv, SSC
FE 5.6/7.5mm (Neu)	6/79	180°	8-11	—	22	Fixfokus	eingebaut	LH-C10	LS-B11	Keine	62	365	Gleiches Objektiv, neuer Anschluß
FD14mm 2.8L (Neu)	6/82	114°	10-14	AL (1)	22	0.25	Folienf.	LH-C13	LS-B11	eingebaut	83.5	500	Asphärisch, autom. Korr.-Ausgl.
FD 2.8/15mm SSC	4/73	180°	9-10	—	22	0.2	eingebaut	LH-C10	LS-B11	eingebaut	60.5	485	Vollformat-Fischauge
FD 2.8/15mm (Neu)	1/80	180°	9-10	—	22	0.2	eingebaut	LH-C10	LS-B11	eingebaut	60.5	460	Vollformat-Fischauge
FD 4/17mm	3/71	104°	9-11	—	22	0.25	72	LH-C10	LS-B11	Keine	56	490	Autom. Korrektionsausgl.
FD 4/17mm SSC	3/73	104°	9-11	—	22	0.25	72	LH-C10	LS-B11	Keine	56	450	Gleiches Objektiv, SSC
FD 4/17mm (Neu)	12/79	104°	9-11	—	22	0.25	72	LH-C10	LS-B11	BW-72	56	360	Gleiches Objektiv, neuer Anschluß
FD 2.8/20mm SSC	3/73	94°	9-10	—	22	0.25	72	LH-C10	LS-B11	Keine	58	345	Autom. Korrektionsausgl.
FD 2.8/20mm (Neu)	12/79	94°	9-10	—	22	0.25	72	LH-C10	LS-B11	BW-72	58	305	Gleiches Objektiv, neuer Anschluß
FD 1.4/24mm SSC	3/75	84°	8-10	AL (1)	16	0.3	72	LH-C13	LS-B11	Keine	68	500	Asphärisch, autom. Korr.-Ausgl.
FD 1.4/24mm L (Neu)	12/79	84°	8-10	AL (1)	16	0.3	72	LH-C13	LS-B11	BW-72	68	430	Gleiches Objektiv, neuer Anschluß
FD 2/24mm (Neu)	6/79	84°	9-11	—	22	0.3	52	LH-B9	LS-A9	BW-52C	50.6	285	Autom. Korrektionsausgl.
FD 2.8/24mm	3/71	84°	8-9	—	16	0.3	55	LH-B9	LS-A9	BW-55B	52.5	410	Autom. Korrektionsausgl.
FD 2.8/24mm SSC	3/73	84°	8-9	—	16	0.3	55	LH-B9	LS-A9	BW-55B	52.5	330	Gleiches Objektiv, SSC
FD 2.8/24mm (Neu)	6/79	84°	9-10	—	22	0.3	52	LH-B9	LS-A9	BW-52C	43	240	Neue Optik, autom. Korr.-Ausgl.
FD 2/28mm SSC	11/75	75°	8-9	—	16	0.3	55	LH-C10	LS-B11	BW-55B	61	345	Autom. Korrektionsausgl.
FD 2/28mm (Neu)	6/79	75°	9-10	—	22	0.3	52	LH-B9	LS-A9	BW-52B	47.2	265	Neue Optik, autom. Korr.-Ausgl.
FD 2.8/28mm SC	3/75	75°	7-7	—	22	0.3	55	LH-B9	LS-A9	BW-55B	49	280	Doppelter Verriegelungshebel
FD 2.8/28mm SC	4/77	75°	7-7	—	22	0.3	55	LH-B9	LS-A9	BW-55B	47.2	230	Einfacher Verriegelungshebel
FD 2.8/28mm (Neu)	6/79	75°	7-7	—	22	0.3	52	LH-B9	LS-A9	BW-52B	40	170	Neue Optik, neuer Anschluß
FD 3.5/28mm	3/71	75°	6-6	—	16	0.4	55	LH-B9	LS-A9	BW-55B	43	290	verchr. Gegenl.-Blendenring
FD 3.5/28mm SC	3/73	75°	6-6	—	16	0.4	55	LH-B9	LS-A9	BW-55B	43	250	SC, schw. Gegenl.-Blendenring
FD 2/35mm	3/71	63°	8-9	—	16	0.3	55	LH-C10	LS-B11	BW-55A	60	420	Autom. Korrektionsausgl.
FD 2/35mm	3/71	63°	8-9	—	16	0.3	55	LH-C10	LS-B11	BW-55A	60	420	Autom. Korrektionsausgl.
FD 2/35mm	3/71	63°	8-9	—	16	0.3	55	LH-C10	LS-B11	BW-55A	60	420	Autom. Korrektionsausgl.
FD 2/35mm SSC	3/73	63°	8-9	—	16	0.3	55	LH-C10	LS-B11	BW-55A	60	370	Gleiches Objektiv, SSC
FD 2/35mm SSC	4/76	63°	8-9	—	16	0.3	55	LH-C10	LS-B11	BW-55A	60	345	Neue Optik, autom. Korr.-Ausgl.
FD 2/35mm (Neu)	12/79	63°	8-10	—	22	0.3	52	LH-C10	LS-A9	BW-52A	46	245	Neue Optik, autom. K.-Ausgl.
FD 8/35mm (Neu)	6/79	63°	5-6	—	22	0.35	52	LH-B8	LS-A9	BW-52A	40	165	Ersetzte 3.5/35 SC
TS 2.8/35mm SSC	3/73	63°	8-9	—	22	0.3	58	Excl.	Excl.	BW-58C	74.5	550	Perspektivekorrektur
FD 3.5/35mm	3/71	63°	6-6	—	16	0.4	55	BH-B9	LS-A9	BW-55A	49	325	Gleiche Optik wie FL 3,5/35
FD 3.5/35mm SC	3/73	63°	6-6	—	16	0.4	55	LH-B9	LS-A9	BW-55A	49	295	SC, einfacher Verr.-Hebel
FD 3.5/35mm SC	3/75	63°	6-6	—	22	0.4	55	LH-B9	LS-A9	BW-55A	49	235	Neue Optik, doppelter Verr.-Hebel (#10001 bis 100000)
FD 3.5/35mm SC	7/77	63°	6-6	—	22	0.4	55	LH-B9	LS-A9	BW-55A	47.2	235	Einfacher Verr.-Hebel (#10001 bis 100000)
FD 1.2/50mm L (Neu)	10/80	46°	6-8	AL (1)	16	0.5	52	LH-B9	LS-A9	BS-52	50.5	380	Asphärisch, autom. Korr.-Ausgl.
FD 1.2/50mm (Neu)	10/80	46°	6-7	—	16	0.5	52	LH-B9	LS-A9	BS-52	45.6	315	Ersetzte FD 1,2/55 SSC
FD 1.4/50mm	3/71	46°	6-7	—	16	0.45	55	LH-B9	LS-A9	BS-55	49	370	Gleiche Optik wie FL 1,4/50
FD 1.4/50mm SSC	3/73	46°	6-7	—	16	0.45	55	LH-B9	LS-A9	BS-55	49	350	Gleiches Objektiv, SSC
FD 1.4/50mm SSC	6/73	46°	6-7	—	16	0.45	55	LH-B9	LS-A9	BS-55	49	305	Leichter, # 400000
FD 1.4/50mm (Neu)	6/79	46°	6-7	—	22	0.45	52	LH-B8	LS-A9	BS-52	41	235	Neue Optik, neuer Anschluß
FD 1.8/50mm	3/71	46°	4-6	—	16	0.6	55	LH-B9	LS-A9	BS-55	44.5	305	Gleiche Optik wie FL 1,8/50
FD 1.8/50mm	11/71	46°	4-6	—	16	0.6	55	LH-B9	LS-A9	BS-55	44.5	305	Doppelte Verr., Hebelausf.
FD 1.8/50mm SC	3/73	46°	4-6	—	16	0.6	55	LH-B9	LS-A9	BS-55	44.5	255	SC, schw. Gegenl.-Blendenring
FD 1.8/50mm SC	6/76	46°	4-6	—	16	0.6	55	LH-B9	LS-A9	BS-55	38.5	200	Kleiner + leichter
FD 1.8/50mm (Neu)	6/79	46°	4-6	—	16	0.6	52	LH-B8	LS-A9	BS-52	35	170	Gleiches Objektiv, kleiner + leichter
FD 2/50mm **(Neu)**	7/80	46°	4-6	—	16	0.6	52	LH-B8	LS-A9	BS-52	35	170	Speziell für schwarze AV-1

Tabelle von Chuck Westfall, Canon Inc., USA

Canon FD-Objektive Fortsetzung	Einführungsdatum	Diagonaler Bildwinkel	Linsen/Glieder	Sonderglas	Kleinste Blende	Naheinstell-grenze (m)	Filter Ø (mm)	Objektivbeutel	Objektivköcher	Gegenlichtblende	Baulänge (mm)	Gewicht (g)	Bemerkungen
Festbrennweiten °													
FD 3.5/50mm Macro (Neu)	6/79	46°	4-6	—	32	0.232	52	LH-C10	LS-B11	BW-52A	57	240	Neuer Anschluß, serienm. m. LSA oder FD25U
FD 1.2/55mm	3/71	46°	5-7	—	16	0.6	58	LH-C12	LS-B11	BS-58	52.5	565	Preisgünstiger als FD 1,2/55 AL
FD 1.2/55mm SSC	3/73	46°	5-7	—	16	0.6	58	LH-B12	LS-B11	BS-58	52.5	565	Gleiches Objektiv, SSC
FD 1.2/55mm AL	37/1	46°	6-8	AL	16	0.6	58	LH-B12	LS-B11	BS-58	55	605	Erstes asphärisches SLR-Obj. d. Welt, autom. Korr.-Ausgl.
FD 1.2/55mm SSC Al	37/3	46°	6-8	AL	16	0.6	58	LH-B12	LS-B11	BS-58	55	575	Gleiches Objektiv, SSC
FD 1.2/55mm SSC Aspherical	3/75	46°	6-0	AL	16	0.6	58	LH-B12	LS-B11	BS-58	55	575	SSC asphärisch (geänd. Bez.)
FD 1.2/55mm SSC Aspherical	1/76	28°-30°	6-8	AL	16	1.0	72	LH-C13	LS-B11	Keine	71	755	SSC asphärisch, autom. Korr.-Ausgl.
FD 1.2/85mm L (Neu)	3/80	28°-30°	6-8	AL	16	0.9	72	LH-C13	LS-B11	B1-72	71	680	Gleiche Optik, neuer Anschluß
FD 1.8/85mm SSC	4/74	28°-30°	4-6	—	16	0.9	55	LH-C10	LS-B11	BT-55	57	425	SSC
FD 1.8/85mm (New)	6/79	28°-30°	4-6	—	22	0.85	52	LH-C10	LS-B11	BT-52	53.5	350	Gleiche Optik, neuer Anschluß
FD 2.8/85mm Soft Focus (New)	7/82	28°-30°	4-6	—	22	0.8	58	LH-C13	LS-B11	BT-58	69.6	375	Variable Weichzeichnung
FD 2/100mm (Neu)	1/80	24°	4-6	—	22	1.0	52	LH-C13	LS-B11	BT-52	70	450	Verchr. Gegenl.-Blendenring
FD 2.8/100mm	3/71	24°	5-5	—	22	1.0	55	LH-B12	LS-B11	BT-55	57	430	SC, schw. Gegenl.-Blendenring
FD 2.8/100mm SSC	3/73	24°	5-5	—	22	1.0	55	LH-B12	LS-B11	BT-55	57	360	SSC-Ausführung, leichter
FD 2.8/100mm (New)	6/79	24°	5-5	—	22	1.0	52	LH-B12	LS-B11	BT52	53.5	300	Gleiche Optik, neuer Anschl., leichter
FD 4/100mm SC Macro	10/75	24°	3-5	—	32	0.45	55	F	None	Keine	112	530	1:1 mit Ring FD50
FD 4/100mm Macro (Neu)	9/79	24°	3-5	—	32	0.45	52	LH-C18	LS-A18	Keine	95	455	Gleiche Optik, neuer Anschl., kleiner, serienm. m. FD50U
FD 2/135mm (Neu)	5/80	18°	5-6	—	32	1.3	72	LH-C13	LS-B13	Eingebaut	90.4	660	Hochgeöffnetes Tele
FD 2.5/135mm	3/71	18°	5-6	—	22	1.5	58	E	None	Eingebaut	91	670	Verchr. Gegenl.-Blendenring
FD 2/135mm.5SC	3/73	18°	5-6	—	22	1.5	58	E	None	Eingebaut	91	630	SC, schw. Gegenl.-Blendenr., leichter
FD 2.8/135mm	6/79	18°	5-6	—	32	1.3	52	LH-B12	LS-B11	Eingebaut	78	420	Neue Fassung, ers. HD 2/135 SSC
FD 3.5/135mm	3/71	18°	3-4	—	22	1.5	55	LH-B12	LS-B13	BT-55	83	480	Original, Sonnar-Typ
FD 3.5/135mm SC	3/73	18°	3-4	—	22	1.5	55	LH-B12	LS-B13	BT-55	83	465	SC, leichter
FD 3.5/135mm SC	11/76	18°	4-4	—	22	1.5	55	LH-B12	LS-B13	BT-55	83	385	Neue Optik, Emestar-Typ
FD 3.5/135mm (New)	6/79	18°	4-4	—	32	1.3	52	LH-B12	LS-B13	Eingebaut	85	360	Gleiche Optik, neuer Anschl.
FD 1.8/200mm L (Neu)	12/89	12°	9-11	UD	32	2.5	48 DI	Excl.	Excl.	ET-123	208	2,800	UD-Glas, gleiche Optik wie EF-Version
FD 2.8/200mm SSC	3/75	12°	5-5	—	22	1.8	72	Excl.	Excl.	Eingebaut	140.5	700	Original, Klemmring-Bajonett
FD 2.8/200mm (New)	6/79	12°	5-5	—	22	1.8	72	LH-C19	ES-C20	Eingebaut	140.5	700	Gleiche Optik, neuer Anschl.
FD 2.8/200mm RF (Neu)	4/83	12°	6-7	—	32	1.5	72	LH-C19	ES-C20	Eingebaut	134	735	Neue Optik, IF
FD 4/200mm	3/71	12°	5-6	—	22	2.5	55	LH-A17	LS-A18	Eingebaut	133	725	Verchr. Gegenl.-Blendenring
FD 4/200mm SSC	3/73	12°	5-6	—	22	2.5	55	LH-A17	LS-A18	Eingebaut	133	675	SSC-Ausführung, leichter
FD 4/200mm (New)	6/79	12°	5-6	—	32	2.5	55	LH-A17	LS-A18	Eingebaut	121.5	500	Gleiche Optik, neuer Anschl., leichter
FD 4/200mm Macro (Neu)	4/81	12°	6-9	—	32	0.58	58	LH-B24	None	Eingebaut	182	780	Abnehmb. Stativring
FD 2.8/300mm SSC Fluorite	10/75	8°15'	5-6	FL	22	3.5	34 DI	Excl.	Excl.	Eingebaut	230	1,900	Fluorit, herkömml. Fokussierung
FD 2.8/300mm L (Neu)	4/81	8°15'	7-9	FL UD	32	3.0	48 DI	Excl.	Excl.	Eingebaut	245	2,300	Fluorit + UD-Glas, IF, neuer Anschl.
FD 4/300mm SSC	1/78	8°15'	6-6	—	32	3.0	34 DI	LH-D24	None	Eingebaut	204	945	Innenfokussierung, Stativring
FD 4/300mm (New)	6/79	8°15'	6-6	—	32	3.0	34 DI	LH-D24	None	Eingebaut	204	945	Neuer Anschluß, Stativring
FD 4/300mm L	12/78	8°15'	7-7	UD	32	3.0	34 DI	LH-D24	None	Eingebaut	208	1,100	UD-Glas, IF, Stativring
FD 4/300mm L (Neu)	5/80	8°15'	7-7	UD	32	3.0	34 DI	LH-D24	None	Eingebaut	207	1,070	UD-Glas, neuer Anschl., Stativring
FD 5.6/300mm	3/71	8°15'	5-6	—	22	4.0	58	Excl.	None	Eingebaut	173	1,155	Abnehmbarer Stativring
FD 5.6/300mm SC	3/73	8°15'	5-6	—	22	4.0	58	Excl.	None	Eingebaut	173	1,125	SC, leichter
FD 5.6/300mm SSC	3/77	8°15'	5-6	—	22	3.0	55	LH-D24	LS-B24	Eingebaut	198.3	685	Neue Optik, IF, leichter
FD 5.6/300mm (New)	6/79	8°15'	5-6	—	22	3.0	58	LH-D24	LS-B24	Eingebaut	198.5	685	Neuer Anschluß, IF
FD 2.8/400mm L (Neu)	9/81	6°10'	8-10	UD	32	4.0	48 DI	Excl.	None	Eingebaut	348	5,395	UD-Glas, IF
FD 4.5/400mm SSC	10/75	6°10'	5-6	—	22	4.0	34 DI	Excl.	None	Eingebaut	282	1,300	Erstes Canon Tele mit IF
FD 4.5/400mm (Neu)	7/81	6°10'	5-6	—	32	4.0	34 DI	Excl.	None	Eingebaut	287.5	1,280	Neuer Anschl., neuer Stativring

Canon FD-Objektive Fortsetzung	Einführungsdatum	Diagonaler Bildwinkel	Linsen/Glieder	Sonderglas	Kleinste Blende	Naheinstell-grenze (m)	Filter Ø (mm)	Objektivbeutel	Objektivköcher	Gegenlichtblende	Baulänge (mm)	Gewicht (g)	Bemerkungen
Festbrennweiten													
FD 4.5/500mm L	5/79	5°	6-7	FL&UD	32	4.0	48 DI	Exkl.	Keine	Eingebaut	395	2.650	Fluorit + UD, IF
FD 4.5/500mm L (Neu)	7/82	5°	6-7	FL&UD	32	4.0	48 DI	Exkl.	Keine	Eingebaut	395	2.610	Gleiches Objektiv, neuer Anschl.
Reflex 8/500mm	10/78	5°	3-6	—	8	4.0	34 DI	Exkl.	Keine	Eingebaut	146	710	Spiegellinser m. Klemmring
Reflex 8/500mm (Neu)	3/80	5°	3-6	—	8	4.0	34 DI	Exkl.	Keine	Eingebaut	146	710	Gleiches Objektiv, neuer Anschl.
FD 4.5/600mm SSC	7/76	4°10'	5-6	—	22	8.0	48 DI	Exkl.	Keine	Eingebaut	455	4.300	IF mit zwei Einstellknöpfen
FD 4.5/600mm (New)	1/81	4°10'	5-6	—	32	8.0	48 DI	Exkl.	Keine	Eingebaut	462	3.740	Neuer Anschl., leichter, drehb.
FD 5.6/800mm SSC	7/76	3°06'	5-6	—	22	14.0	48 DI	Exkl.	Keine	Eingebaut	567	4.300	IF mit zwei Einstellknöpfen
FD 5.6/800mm L	12/79	3°06'	5-6	UD	32	14.0	48 DI	Exkl.	Keine	Eingebaut	577	4.270	UD-Glas, Klemmring
FD 5.6/800mm L (Neu)	1/81	3°06'	5-6	UD	32	14.0	48 DI	Exkl.	Keine	Eingebaut	577	4.100	UD-Glas, neuer Anschl.
Zoomobjektive													
FD 3.5/20-35mm L (Neu)	7/83	94°-63°	11-11	AL	22	0.5	72	LH-B8	LS-A9	BW-72	84.2	470	Asphärisch, autom. Korr.-Ausgl.
FD 3.5/24-35mm SSC Asph.	2/78	84°-63°	9-12°	AL	22	0.4	72	LH-B8	LS-A9	W-75	86.3	515	Erstes asph. AI-Zoom, autom. Korr.-Ausgl.
FD 3.5/24-35mm L (Neu)	12/79	84°-63°	9-12	AL	22	0.4	72	LH-B8	LS-A9	BW-72	86.6	500	Gleiche Optik, neuer Anschl., Bajonett-Gegenlichtbl.
FD 3.5/28-50mm SSC	7/76	75°-46°	9-10	—	22	1.0	58	E	Keine	W-69B	105	470	Makroschalter: 0,25 – 0,45 m
FD f3.5/28-50mm (Neu)	9/79	75°-46°	9-10	—	22	1.0	58	E	Keine	W-69B	99.5	455	Gleiche Optik, neuer Anschl.
FD 3.5-4.5/28-55mm (Neu)	7/83	75°-43°	10-10	—	22	0.3	52	LHP-B9	LS-B11	BW-58C	60.9	220	Kompaktes 2x-Zoom
FD 4/28-85mm (Neu)	6/84	75°-28°30'	11-13	—	22	0.5	72	LH-C16	ES-C17	BW-72	104	485	3x Zoom WW-Tele
FD 2.8-3.5/35-70mm	12/73	63°-34°	10-10	—	22	1.0	58	LH-B15	LS-A18	W-69	120	575	Erstes Canon Zoom in 2gruppenbauw.
FD 2.8-3.5/35-70mm (Neu)	9/79	63°-34°	10-10	—	22	1.0	58	LH-B15	LS-A18	W-69	120	560	Gleiche Optik, neuer Anschl.
FD 3.5-4.5/35-70mm (Neu)	7/83	63°-34°	8-9	—	22	0.39	52	LHP-B9	LS-B11	BW-58C	60.9	200	Kompaktes 2x-Zoom in 3gruppenbauw.
FD 4/35-70mm (Neu)	6/79	63°-34°	8-8	—	22	0.5	52	LH-B12	LS-B13	W-62	85.5	315	Zweigruppen-AF-Zoom
FD 4/35-70mm AF (Neu)	4/81	63°-34°	8-8	—	22	0.5	52	Exkl.	Keine	Keine	95	640	Erstes Canon AF-Zoom
FD 3.5/35-105mm (Neu)	1/81	63°-23°20'	13-15	—	22	1.5	72	LH-C16	LS-B16	BW-72B	108.4	640	Makroschalter: 0,3 – 0,64 m
FD 3.5-4.5/35-105mm (Neu)	6/84	63°-23°20'	11-14	AI	22	0.85	58	LH-B12	LS-B11	BW-58B	83.7	344	Erstes asph. Obj. mit gepr. Asphären
FD 3.5/50-135mm (Neu)	2/82	46°-18°	12-16	—	32	1.5	58	LH-C16	LS-B16	BS-58	125.4	720	Schiebezoom, Makroschalter: 0,6 – 1,5 m
FD 4.5/50-300mm L (Neu)	2/82	46°-8°15'	13-16	UD	32	2.5	34 DI	Exkl	Keine	S-100	250	1.820	UD-Glas, Stativring
FD 4.5/70-150mm (Neu)	6/79	34°-16°20'	9-12	—	32	1.5	52	LH-A17	LS-A18	Eingebaut	132	565	Schiebezoom, keine Makroeinst.
FD 4/70-210mm (Neu)	10/80	34°-11°45'	9-12	—	32	1.2	58	LH-C19	LS-B21	BT-58	151	705	Schiebezoom, stufenlose Makroeinst.
FD 4.5/75-200mm (Neu)	6/84	32°11'-12°	8-11	—	32	1.8	52	LH-C16	LS-B16	BT-52B	123	510	Schiebezoom, Makroschalter: 0,5 – 1,8 m
FD 4/80-200mm SSC	10/76	30°-12°	11-15	—	32	1.0	55	LH-B24	LS-B13	Eingebaut	161	750	Drehzoom, Filter-Ø 55 mm
FD 4/80-200mm (Neu)	6/79	30°-12°	11-15	—	32	1.0	58	LH-B24	LS-B13	Eingebaut	161	790	Gleiche Optik, neuer Anschl., Gewinde 58 mm
FD 4/80-200mm L (Neu)	6/85	30°-12°	12-14	FL UD	32	0.95	58	LH-C16	LS-C17	Bl-58	153	675	Schiebezoom, Fluorit, UD-Glas
FD 4.5/85-300mm SSC	4/74	28°30'-8°35'	11-15	—	32	2.5	Ser. 9	Exkl.	Keine	Eingebaut	243.5	1.695	Drehzoom, Stativring
FD 4.5/85-300mm (Neu)	1/81	28°30'-8°35'	11-15	—	32	2.5	Ser. 9	Exkl.	Keine	Eingebaut	246.8	1.690	Gleiche Optik, neuer Anschl.
FD 5.6/100-200mm	5/71	24°-12°	5-8	—	22	2.5	55	K	Keine	Eingebaut	174	820	Gleiche Optik wie FL-Version
FD 5.6/100-200mm SC	5/73	24°-12°	5-8	—	22	2.5	55	K	Keine	Eingebaut	173	765	SC-Ausführung, leichter
FD 5.6/100-200mm (Neu)	6/79	24°-12°	5-8	—	32	2.5	52	LH-B24	LS-B13	Eingebaut	167	660	Gleiche Optik, neuer Anschl., leichter
FD 5.6/100-300mm (Neu)	5/80	24°-8°15'	9-14	—	32	2.0	58	Exkl.	Keine	BT-58	207	835	Schiebezoom, keine Makroeinst.
FD 5.6/100-300mm (Neu)	6/85	24°-8°15'	9-15	—	32	1.0	58	LH-C21	ES-C20	BT-58	172	705	Neue Optik, stufenlose Makroeinst.
FD 5.6/100-300mm L (Neu)	6/85	24°-8°15'	10-15	FL&UD	32	1.0	58	LH-C21	ES-C20	BT-58	172	710	Fluorit, UD-Glas, Schiebezoom
FD 5.6/150-600mm L (Neu)	1/81	16°20'-4°10'	15-19	UD	32	3.0	34 DI	Exkl.	Keine	Eingebaut	468	4.350	3 UD-Linsen, Schiebezoom

Canon Meßsucherkameras

Kameratyp	Prod.-Daten	Produktionsziffer	Seriennummern im Bereich	Objektivanschluß	Verschlußzeiten Primär	Langzeitenknopf
Hansa	10/1935 - ca. 6/1940	gesch.. 1,100	55-5,200	J(1)	Z,20-500	—
S	10/1938 -1945	gesch.. 1,600	10,520-c12,500	J(1)	Z,20-500	1-20
J	1/1939 -1941(2)	gesch. 200	1,700-2,125	J	Z,20-500	—
New Standard (NS)	c.1/1940 -1942	ca. 100	10,800-11,900	J(1)	Z,20-500	—
JS	c.1941-(3)	gesch.. max. 50	1,900-2,130	J	Z,20-500	1-20
S-I	12/1945 -11/1946	97	12,386-14,160	J(1)	Z,20-500	1-20
J-II	12/1945 -11/1946	525(4)	8,000-8,700	J früh. Mod. J spät. Mod.	Z,20-500	—
S-II	10/1946 -6/1949(5)	7,550	15,000-18000(7) 15,700-23,375(8)	Halb-universal(6)	B(9), 20-500	1-20
IIB	1/1949 -7/1952	14,400	21,050-42,400	Halb-universal	B,20-500	1-20
1950	7/1950 - c.10/1950	50	50,000-50,199	Halb-universal	B,25-1000	T,1-25
III	2/1951 -12/1952	10,175	50,200-81,850(10)	Halb-universal	B,25-500	T,1-25
II C	3/1951 -8/1951	800	50,200-57,850	Halb-universal	B,25-500	T,1-25
IV	4/1951 -4/1952	1,400	51,270-67,825	Halb-universal	B,25-1000	T,1-25
III A	12/1951 -9/1953	9,025	61,150-105,800	Universalgewinde	B,25-1000	T,1-25
IV F	12/1951 -8/1952	ca. 2000	52,610-69,000	Universalgewinde	B,25-1000	T,1-25
II A	3/1952 -9/1952	99	64,255-73,500	Universalgewinde	B,25-500	—
IV S	4/1952 -5/1953	ca. 4,900	64,000-85,000	Universalgewinde	B,25-1000	T,1-25
II D	8/1952 -2/1955	21,725	64,021-160,150	Universalgewinde	B,25-500	T,1-25
II D1	10/1952 -6/1954	2,400	72,400-125,000	Universalgewinde	B,25-500	T,1-25
IV SB	12/1952 -3/1955	34,975	65,760-160,000	Universalgewinde	B,25-1000	T,1-25
II AF	6/1953 -8/1953	15	92,165-95,500	Universalgewinde	B,25-500	—
II F	7/1953 -3/1955	11,900	84,380-166,050	Universalgewinde	B,25-500	T,1-25

(1) Mit Einstellfassung von Nippon Kogaku
(2) Ferner Kleinserie im Zweiten Weltkrieg
(3) Möglicherweise bis 1945.
(4) Siehe Anmerkung auf S. 62
(5) Sowie sehr kleine Mengen 1950 und 1952

(6) Einige mit T-Flansch und Experimentalflansch
(7) Seiki Kogaku
(8) Canon – ca. 70% der Produktion
(9) »Z« an einigen frühen Kameras
(10 Einige wenige Versuchsmuster zwischen 50.000 und 50.200
(11 50 einschließlich Begrenzung 100

Blitzsynchronisation	Suchereintellung 1 od. 2-teiliger Hebel	Filmtransport	Filmmerkvorrichtung	Weitere Merkmale
—	—	Knopf	keine	Bildzählwerk vorn
—	—	Knopf	keine	Langzeitenknopf mit Hebel
—	—	Knopf	keine	kein E-Messer
—	—	Knopf	keine	
—	—	Knopf	keine	kein E-Messer
—	—	Knopf	keine	
—	—	Knopf	keine	Loch für Langzeitenknopf abgedeckt mit Metalldeckel mit drei Schrauben. Kein E-Messer
—	—	Knopf	keine	nichtjustierbarer Meßsucher
—	F,1x, 1.5x 2-teiliger Hebel	Knopf	keine	
F Seitenschiene	F,1x, 1.5x 2-teiliger Hebel	Knopf	keine	Für Schnellschalt-Bodenplatte geeignet, »Ltd.« im Firmennamen
—	F,1x, 1.5x 2-teiliger Hebel	Knopf	keine	Einige Hybrid-Versionen mit Eigenschaften der IIIA
—	F,1x, 1.5x 2-teiliger Hebel	Knopf	keine	
F Seitenschiene	F,1x, 1.5x 2-teiliger Hebel	Knopf	keine	»Inc.« in Namen. Zwitter mit Eigenschaften der IV F, auch IV SB Synch. durch Erweiterung
—	F,1x, 1.5x 1-teiliger Hebel	Knopf	in Transportknopf	Viele Variationen
F Seitenschiene	F,1x, 1.5x 1-teiliger Hebel	Knopf	in Transportknopf	Zwitter mit IV, auch IV SB durch Erweiterung
—	F,1x, 1.5x 1-teiliger Hebel	Knopf	in Transportknopf	
F Seitenschiene	F,1x, 1.5x 1-teiliger Hebel	Knopf	in Transportknopf	Erstes Modell mit Spritzguß-Verschlußblock
—	F,1x, 1.5x 1-teiliger Hebel	Knopf	keine	
—	F,1x, 1.5x 1-teiliger Hebel	Knopf	in Transportknopf	
F, X Seitenschiene	F,1x, 1.5x 1-teiliger Hebel	Knopf	in Transportknopf	Verriegelung des Langzeitenknopfes
F Seitenschiene	F,1x, 1.5x 1-teiliger Hebel	Knopf	in Transportknopf	Loch für Langzeitenknopf mit Metalldeckel abgedeckt und beledert
F Seitenschiene	F,1x, 1.5x 1-teiliger Hebel	Knopf	in Transportknopf	Keine Verriegelung des Langzeitenknopfes. Einige erweitert auf IIS

Die Tabellen basieren auf Material aus *Canon Rangefinder Cameras 1933-68* von Peter Dechert, Hove Collectors Books, 1985

Canons elektronische SLR-Kameras

	Modellbezeichnung	AE-1	AT-1	A-1	AV-1	AE-1 Program
	Einführungsdatum	3/1976	1/1977	4/1978	5/1979	4/1981
	Objektivanschluß	Canon FD-N	Canon FD-N	Canon FD-N	Canon FD-N	Canon FD-N
Sucher	Wechselprisma	X	X	X	X	X
	Auswechselbare Einstellscheiben (Anz.)	X	X	•(14)(15)	X	•;8 Scheiben
	Einstellhilfen bei festst. Scheibe	Schnittbild, Mikroprismenring	Schnittbild, Mikroprismenring	Schnittbild, Mikroprismenring	Schnittbild, Mikroprismenring	—
	Sucheranzeige	Meßnadel+ fester Index, Blendenskala, Fehlbelichtungs-warnungen	Meßnadel+ Nachführzeiger, Fehlbelichtungs-warnungen	digitale Verschlußzeit, Blende, Blitz, M. Fehlerwarnung, Fehlbelichtungs-warnungen	analoge Verschluß-zeitenskala, Meßnadel, Fehlbelichtungs-warnungen Batteriezustand	digitale Anzeige von Blende, Blitz, M. P. Fehlbelichtungs-warnungen
Messer	Meßzelle	Siliciumzelle	Siliciumzelle	Siliciumzelle	Siliciumzelle	Siliciumzelle
	Meßbereich (LW)	1–18	3–17	-2–18	1–18	1–18
	Arbeits- oder Offenblenden-Innenmessung	Arbeitsblende	Arbeitsblende	Arbeitsblende	Arbeitsblende	Arbeitsblende
	Zentral (CV)/Selektiv (P)/Spot (S)	X	X	X	X	X
	Mittenbetonte Integralmessung	•	•	•(tief-versetzt)	•(tief-versetzt)	•(tief-versetzt)
	Filmempfindlichkeitsbereich (ASA)	25-3200	25-3200	6-12800	25-1600	12-3200
Funktion	Zeitautomatik	X	X	•	•	•
	Blendenautomatik	•	X	•	X	•
	Programmautomatik (Anz. Progr.)	X	X	•	X	•
	Manuell	•	•	•	•	•
	Andere	X	X	Arbeitsblenden-Zeitautomatik, Blitzautomatik	X	X
Verschluß	Typ – Ablaufrichtung/Material	horiz., Tuch	horiz., Tuch	horiz., Tuch	horiz., Tuch	horiz., Tuch
	Zeitenbereich	2-1/1000,B	2-1/1000,B	30-1/1000,B	2-1/1000,B	2-1/1000,B
	Blitzsynchronisation	X 1/60(13)	X 1/60(13)	X 1/60(13)	X 1/60(13)	X 1/60(13)
Filmtransport	Filmeinfädelung	manuell	manuell	manuell	manuell	manuell
	Filmtransport	Hebel oben	Hebel oben	Hebel oben	Hebel oben	Hebel oben
	Motorantr. (MD)/Power Winder (PW) vorh./ Dauerlauf m. eing. Motor	PW	PW	X	PW	PW
	Rückspulung	einklappb. Kurbel	einklappb. Kurbel	einklappb. Kurbel	einklappb. Kurbel	einklappb. Kurbel
Weitere Merkmale	Selbstauslöser	•	•	•	•	•
	Spiegelvorauslösung	X	X	X	X	X
	Batterieprüfung	•	•	•	X	•
	Pellicle-Spiegel	X	X	X	X	X
	LCD-Monitor	X	X	X	X	X
	Belichtungskorrektur	+1.5LW	X	±2LW	+1.5LW	Speichertaste
	Mehrfachbelichtungen	X	X	•	X	X
	Abnehmbare Rückwand	X	X	X	X	X
	Batterie	PX 28,6 V	PX 28,6 V	PX 28,6 V	PX 28,6 V	PX 28,6 V
	Abmessungen BxHxT (mm)	141x87x47	141x87x47	141x91x47	139x85x47	141x88x47
	Gewicht (g)	590	590	620	620	575

Blitzsynchronisation	Suchereintellung 1 od. 2-teiliger Hebel	Filmtransport	Filmmerkvorrichtung	Weitere Merkmale
F,X Seitenschiene	F,1x,1.5x 1-teiliger Hebel	Knopf	in Transport-knopf	
F,X Seitenschiene	F,1x,1.5x 1-teiliger Hebel	Knopf	in Transport-knopf	neue Sucheroptik
F,X Seitenschiene	F,1x,1.5x 1-teiliger Hebel	Knopf	in Transport-knopf	für Schnellschalt-Bodenplatte geeignet verbesserte IIs
—	F,1x,1.5x 1-teiliger Hebel	Knopf	in Transport-knopf	verbesserte II D1
F Seitenschiene	F,1x,1.5x 1-teiliger Hebel	Knopf	in Transport-knopf	verbesserte II F
F,X Blitzkontakt	50,35,E-Messer	Hebel an Bodenplatte	in zus. Transportknopf	erste Canon mit Filmeinlegen über Rückwand
F Seitenschiene	50,35,E-Messer	Daumen-hebel	auf Achse d. Transportknopf	
F,X Blitzkontakt	50,35,E-Messer	Daumen-hebel	auf Achse d. Transportknopf	erste Canon mit einklappbarer Rückspulkurbel
F,X Blitzkontakt	50,35,E-Messer	Hebel an Bodenplatte	in zus. Transportknopf	kein Kassettenöffner in Bodenplatte Warmtonsucher
F,X Blitzkontakt	50,35,E-Messer	Hebel an Bodenplatte	in zus. Transportknopf	Kassettenöffner in Bodenplatte Warmtonsucher
—	50,35,E-Messer	Daumen-hebel	auf Achse d. Transportknopf	Rückspulung mit Knopf
F,X Blitzkontakt	50,35,E-Messer	Daumen-hebel	auf Achse d. Transportknopf	metallene Verschlußvorhänge
F,X Blitzkontakt	50,35,E-Messer	Daumen-hebel	auf Achse d. Transportknopf	metallene Verschlußvorhänge, Kalttonsucher
F,X Blitzkontakt	50,35,E-Messer	Hebel an Bodenplatte	in zus. Transportknopf	metallene Verschlußvorhänge, Kalttonsucher Kassettenöffner in Bodenplatte
F,X Blitzkontakt	Mg. 50,35 (ii)	Daumen-hebel	auf Rückwand	erste Canon mit allen Zeiten auf einem Knopf
F,X Blitzkontakt	Mg. 50,35 (ii)	Hebel an Bodenplatte	auf Rückwand	
F,X Blitzkontakt	—	Daumen-hebel	auf Rückwand	nicht justierbarer Sucher; feststehende Bildbegrenzung für 35, 50, 100 mm
F,X Blitzkontakt	35, 50, 85/100 135	Hebel an Bodenplatte	auf Rückwand	eingebauter Selen-Belichtungsmesser mit Verschluß gekuppelt
F,X Blitzkontakt	35, 50, 85/100 135	Daumen-hebel	auf Rückwand	eingebauter CdS-Belichtungsmesser
F,X Blitzkontakt	35, 50, 85/100 135	Daumen-hebel	auf Rückwand	CdS-Belichtungsmesser; verbesserte Sucheroptik mit Dioptrieneinstellung

Canons mechanische SLR-Kameras

Modellbezeichnung		Canonflex	Canonflex R2000	Canonflex RP	Canonflex RM
Einführungsdatum		5/1959	9/1960	9/1960	4/1962
Objektivanschluß		Klemmring-Bajonett	Klemmring-Bajonett	Klemmring-Bajonett	Klemmring-Bajonett
Sucher	Wechselprisma	•(1)	•(1)	. X	X
	Auswechselbare Einstellscheiben (Anz.)	X	X	X	X
	Einstellhilfen bei festst. Scheibe	Schnittbild	Schnittbild	Vollmattscheibe	Schnittbild
	Sucheranzeige	keine	keine	keine	keine
Messer	Meßzelle	Selen(2)	Selen(2)	Selen(2)	Selen(4)
	Meßbereich (LW)	—	—	—	6-17
	Arbeits- oder Offenblenden-Innenmessung	X	X	X	X
	Zentral (CV)/Selektiv (P)/Spot (S)	X	X	X	X
	Mittenbetonte Integralmessung	X	X	X	X
	Filmempfindlichkeitsbereich (ASA)	—	—	—	10–800
Funktion	Zeitautomatik	X	X	X	X
	Blendenautomatik	X	X	X	X
	Programmautomatik (Anz. Progr.)	X	X	X	X
	Manuell	•	•	•	•
	Andere	X	X	X	X
Verschluß	Typ – Ablaufrichtung/Material	horiz., Tuch	horiz., Tuch	horiz., Tuch	horiz., Tuch
	Zeitenbereich	1-1/1000,B	1-1/2000,B	1-1/1000,B	1-1/1000,B
	Blitzsynchronisation	(3)	(3)	FP(5);X 1/60	FP(5);X 1/60
Filmtransport	Filmeinfädelung	von Hand	von Hand	von Hand	von Hand
	Filmtransport	Hebel in Bodenpl.	Hebel in Bodenpl.	Hebel in Bodenpl.	Hebel oben
	Motorantr. (MD)/Power Winder (PW) vorh./ Dauerlauf m. eing. Motor	X	X	X	X
	Rückspulung	einklappb. Kurbel	einklappb. Kurbel	einklappb. Kurbel	einklappb. Kurbel
Weitere Merkmale	Selbstauslöser	•	•	•	•
	Spiegelvorauslösung	X	X	X	X
	Batterieprüfung	X	X	X	X
	Pellicle-Spiegel	X	X	X	X
	LCD-Monitor	X	X	X	X
	Belichtungskorrektur	X	X	X	X
	Mehrfachbelichtungen	•	•	•	X
	Abnehmbare Rückwand	X	X	X	X
	Batterie	X	X	X	X
	Abmessungen BxHxT (mm)	145x100x49	145x100x49	145x100x49	145x92x47
	Gewicht (g)	700	690	680	680

Notizen für alle nicht EOS SLR-Kameras :

(1) Alternativ Lichtschachtsucher
(2) Als Option Canon Meter R mit Verschlußzeitenkupplung
(3) Seitlicher Blitzkontakt zum Anschluß von Blitzgerät V oder Speedlite V
(4) Mit Blende und Verschlußzeit gekuppelt
(5) Alle Zeiten außer 1/30 s für FP-Lampen, 1/30 s und länger für andere Lampen
(6) Schraubgewinde, nur Vorderglied

(7) Mit Objektiv 50 mm
(8) Automatische Lichtstärkeneingabe
(9) Blitzautomatik mit Canolite D und Objektiv 50 mm
(10) Mit Servosucher EE
(11) Halbautomatische Blitz-Nachführeinstellung mit Speedlite 133D und Automatik-Ring
(12) Schnittbildindikator später hinzugefügt

FX	FP	Pellix	Pellix QL	FT-QL	TL-QL
4/1964	10/1964	4/1965	3/1966	3/1966	2/1968
Canon FL	Canon FL	Canon FL	Canon FL	Canon FL	Canon FL
X	X	X	X	X	X
X	X	X	X	X	X
Schnittbild	Schnittbild	Prismenraster	Prismenraster	Prismenraster	Prismenraster
keine	keine	Meßnadel	Meßnadel + festst. Index	Meßnadel + festst. Index	Meßnadel + festst. Index
CdS	Aufsteck-CdS(4)	CdS	CdS	CdS	CdS
1-18	—	1-18	1-18	1-18	2.5-18
X	X	Arbeitsblende	Arbeitsblende	Arbeitsblende	Arbeitsblende
X	X	X	X	CA	CA
X	X	X	X	X	X
10-800	—	10–800	25–2000	25–2000	25–2000
X	X	X	X	X	X
X	X	X	X	X	X
X	X	X	X	X	X
•	•	•	•	•	•
X	X	X	X	X	X
horiz., Tuch	horiz., Tuch	horiz., Titan	horiz., Titan	horiz., Tuch	horiz., Tuch
1-1/1000,B,X	1-1/1000,B,X	1-1/1000,B,X	1-1/1000,B,X	1-1/1000,B,X	1-1/500,B,X
FP(5);X 1/60	FP(5);X 1/60	FP(5);X 1/60	FP(5);X 1/60	FP(5);X 1/60	FP(5);X 1/60
von Hand	von Hand	von Hand	Schnelladesystem	Schnelladesystem	Schnelladesystem
Hebel oben	Hebel oben	Hebel oben	Hebel oben	Hebel oben	Hebel oben
X	X	X	X	X	X
einklappb. Kurbel	einklappb. Kurbel	einklappb. Kurbel	einklappb. Kurbel	einklappb. Kurbel	einklappb. Kurbel
•	•	•	•	•	X
X	X	X	X	•	X
•	X	•	•	•	X
X	X	•	•	X	X
X	X	X	X	X	X
X	X	X	X	X	X
X	X	X	X	X	X
X	X	X	X	X	X
PX 625	X	PX625	PX625	PX625	PX625
141x90x43	141x90x43	141x90x43	144x93x43	144x93x43	144x93x43
670	650	700	755	740	720

(13) Über Mittenkontakt
(14) 6 Zubehörscheiben; Wechsel nur durch Kundendienst
(15) Spätere Modelle mit Lasermattscheibe E
(16) Auch verkauft als FD35 von Bell & Howell
(17) 1/90 x – 1/2000 s mechanisch; 8 s – 1/60 s elektronisch
(18) Modifiziertes FD-Bajonett mit elektrischen Kontakten für AF-Kupplung

(19) Digitale Blenden- und Zeitanzeige, Speicherung, M, Blitz- und Belichtungskorrektur, Multi-Spotmessung, Lichter/Schattenanzeige, Bildnummer
(20) Mit zusätzlichem Tuchschlitzverschluß vor Hauptverschluß

Andere Symbole

• = Ja   X = Nein

Canons mechanische SLR-Kameras (Fortsetzung)

Modellbezeichnung		EX-EE	EX-Auto	F-1	FT b-QL
Einführungsdatum		10/1969	3/1972	3/1971	3/1971
Objektivanschluß		EX (6)	EX (6)(8)	Canon FD	Canon FD
Sucher	Wechselprisma	X	X	•	X
	Auswechselbare Einstellscheiben (Anz.)	X	X	•	X
	Einstellhilfen bei festst. Scheibe	microprisms	microprisms	—	microprisms
	Sucheranzeige	Meßnadel+ fester Index, Blendenskala, Fehlbelichtungs- warnung	Meßnadel+ fester Index, Blendenskala, Fehlbelichtungs- warnung	Meßnadel+ fester Index, Meßkelle, Verschlußzeit	Meßnadel+ fester Index, Meßkelle, Blendenskala
Messer	Meßzelle	CdS	CdS	CdS	CdS
	Meßbereich (LW)	4.7–17	4.7–17	2.5–18	2.5–18
	Arbeits- oder Offenblenden-Innenmessung	Offenblende	Offenblende	Offenblende	Offenblende
	Zentral (CV)/Selektiv (P)/Spot (S)	CA	CA	CA	CA
	Mittenbetonte Integralmessung	X	X	X	X
	Filmempfindlichkeitsbereich (ASA)	25-800	25-800	25-2000	25-2000
Funktion	Zeitautomatik	X	X	X	X
	Blendenautomatik	•	•	•(10)	X
	Programmautomatik (Anz. Progr.)	X	X	X	X
	Manuell	•	•	•	•
	Andere	X	X	X	X
Verschluß	Typ – Ablaufrichtung/Material	horiz., Tuch	horiz., Tuch	horiz. Titan	horiz., Tuch
	Zeitenbereich	1-1/500,B	1-1/500,B	1-1/2000,B	1-1/1000,B
	Blitzsynchronisation	X 1/60	X 1/60(9)	FP(5);X 1/60	FP(5);X 1/60 (11)
Filmtransport	Filmeinfädelung	von Hand	von Hand	von Hand	Schnelladesystem
	Filmtransport	Hebel oben	Hebel oben	Hebel oben	Hebel oben
	Motorantr. (MD)/Power Winder (PW) vorh./ Dauerlauf m. eing. Motor	X	X	X	X
	Rückspulung	einklappb. Kurbel	einklappb. Kurbel	einklappb. Kurbel	einklappb. Kurbel
Weitere Merkmale	Selbstauslöser	•	•	•	•
	Spiegelvorauslösung	X	X	•	•
	Batterieprüfung	•	•	•	•
	Pellicle-Spiegel	X	X	X	X
	LCD-Monitor	X	X	X	X
	Belichtungskorrektur	X	X	X	X
	Mehrfachbelichtungen	X	X	X	X
	Abnehmbare Rückwand	X	X	•	X
	Batterie	PX625	PX625	PX625	PX625
	Abmessungen BxHxT (mm)	142x91x84	144x92x84	147x97x43	144x93x43
	Gewicht (g)	900(7)	900(7)	820	740

Schnellschuß-Kamera (I)	FTbN	EF	TLb	TX (16)	F-1N
1972	7/1973	11/1973	9/1974	9/1974	7/1976
Canon FD	Canon FD	Canon FD	Canon FD	Canon FD	Canon FD
•	X	X	X	X	•
•	X	X	X	X	•
—	microprisms	microprisms(12)	microprisms	microprisms	—
X	Meßnadel+ fester Index, Nachführzeiger, Blendenskala, Verschlußzeit	Meßnadel+ Verschlußzeit, Arbeitsblende, Fehlbelichtungswarnung	Meßnadel+ Nachführzeiger, Arbeitsblende, Fehlbelichtungswarnung	Meßnadel+ Nachführzeiger, Arbeitsblende, Fehlbelichtungswarnung	Meßnadel+ fester Index, Nachführzeiger, Verschlußzeit
X	CdS	Siliciumzelle	CdS	CdS	CdS
X	2.5–18	-2–18	3–16	3–16	2.5–18
X	Arbeitsblende	Arbeitsblende	Arbeitsblende	Arbeitsblende	Arbeitsblende
X	CA	CA	CA	CA	CA
X	X	X	X	X	X
X	25-2000	25-3200	25-2000	25-2000	25-3200
X	X	X	X	X	X
X	X	X	X	X	X
X	X	X	X	X	X
•	•	•	•	•	•
X	X	X	X	X	X
horiz., Tuch	horiz., Tuch	horiz. Metall	horiz., Tuch	horiz., Tuch	horiz., Titan
1-1/60-1/1000,B	1-1/1000,B	30-1/1000,B	1-1/500,B	1-1/500,B	1-1/2000,B
—	FP(5);X 1/60	X 1/125	FP(5);X 1/60	FP(5);X 1/60(13)	FP(5);X 1/60
manuell	Schnelladesystem	manuell	manuell	manuell	manuell
motorisch	Hebel oben	Hebel oben	Hebel oben	Hebel oben	Hebel oben
4-9fps	X	X	X	X	X
motorisch	einklappb. Kurbel	einklappb. Kurbel	einklappb. Kurbel	einklappb. Kurbel	einklappb. Kurbel
	•	•(variabel)	X	X	•
X	•	•	X	X	•
—	•	•	•	•	•
•	X	X	X	X	X
X	X	X	X	X	X
X	X	X	X	X	X
—	X	•	X	X	•
—	X	X	X	X	•
20 Mignonz. (Batt.-Teil)	PX625	2xPX625	PX625	PX625	PX625
147x136x43	144x93x43	147x47x96	144x93x43	144x93x43	147x97x43
1100	740	740	680	680	820

Canons elektronische SLR-Kameras

	Modellbezeichnung	AE-1	AT-1	A-1	AV-1	AE-1 Program
	Einführungsdatum	3/1976	1/1977	4/1978	5/1979	4/1981
	Objektivanschluß	Canon FD-N	Canon FD-N	Canon FD-N	Canon FD-N	Canon FD-N
Sucher	Wechselprisma	X	X	X	X	X
	Auswechselbare Einstellscheiben (Anz.)	X	X	•(14)(15)	X	•;8 Scheiben
	Einstellhilfen bei festst. Scheibe	Schnittbild, Mikroprismenring	Schnittbild, Mikroprismenring	Schnittbild, Mikroprismenring	Schnittbild, Mikroprismenring	—
	Sucheranzeige	Meßnadel+ fester Index, Blendenskala, Fehlbelichtungs-warnungen	Meßnadel+ Nachführzeiger, Fehlbelichtungs-warnungen	digitale Verschlußzeit, Blende, Blitz, M, Fehlerwarnung, Fehlbelichtungs-warnungen	analoge Verschluß-zeitenskala, Meßnadel, Fehlbelichtungs-warnungen Batteriezustand	digitale Anzeige von Blende, Blitz, M, P, Fehlbelichtungs-warnungen
Messer	Meßzelle	Siliciumzelle	Siliciumzelle	Siliciumzelle	Siliciumzelle	Siliciumzelle
	Meßbereich (LW)	1–18	3–17	-2–18	1–18	1–18
	Arbeits- oder Offenblenden-Innenmessung	Arbeitsblende	Arbeitsblende	Arbeitsblende	Arbeitsblende	Arbeitsblende
	Zentral (CV)/Selektiv (P)/Spot (S)	X	X	X	X	X
	Mittenbetonte Integralmessung	•	•	•(tief-versetzt)	•(tief-versetzt)	•(tief-versetzt)
	Filmempfindlichkeitsbereich (ASA)	25-3200	25-3200	6-12800	25-1600	12-3200
Funktion	Zeitautomatik	X	X	•	•	X
	Blendenautomatik	•	X	•	X	•
	Programmautomatik (Anz. Progr.)	X	X	•	X	•
	Manuell	•	•	•	•	•
	Andere	X	X	Arbeitsblenden-Zeitautomatik, Blitzautomatik	X	X
Verschluß	Typ – Ablaufrichtung/Material	horiz., Tuch	horiz., Tuch	horiz., Tuch	horiz., Tuch	.horiz., Tuch
	Zeitenbereich	2-1/1000,B	2-1/1000,B	30-1/1000,B	2-1/1000,B	2-1/1000,B
	Blitzsynchronisation	X 1/60(13)	X 1/60(13)	X 1/60(13)	X 1/60(13)	X 1/60(13)
Filmtransport	Filmeinfädelung	manuell	manuell	manuell	manuell	manuell
	Filmtransport	Hebel oben	Hebel oben	Hebel oben	Hebel oben	Hebel oben
	Motorantr. (MD)/Power Winder (PW) vorh./ Dauerlauf m. eing. Motor	PW	PW	X	PW	PW
	Rückspulung	einklappb. Kurbel	einklappb. Kurbel	einklappb. Kurbel	einklappb. Kurbel	einklappb. Kurbel
Weitere Merkmale	Selbstauslöser	•	•	•	•	•
	Spiegelvorauslösung	X	X	X	X	X
	Batterieprüfung	•	•	•	X	•
	Pellicle-Spiegel	X	X	X	X	X
	LCD-Monitor	X	X	X	X	X
	Belichtungskorrektur	+1.5LW	X	±2LW	+1.5LW	Speichertaste
	Mehrfachbelichtungen	X	X	•	X	X
	Abnehmbare Rückwand	X	X	X	X	X
	Batterie	PX 28,6 V	PX 28,6 V	PX 28,6 V	PX 28,6 V	PX 28,6 V
	Abmessungen BxHxT (mm)	141x87x47	141x87x47	141x91x47	139x85x47	141x88x47
	Gewicht (g)	590	590	620	620	575

Die Tabellen über mechanische und elektronische SLR-Kameras beruhen auf Informationen des Club Canon

Neue F-1	AL-1	Schnellschuß-kamera (II)	T50	T70	T80	T90	T60
6/1981	3/1982	1/1984	3/1983	2/1984	2/1985	1/1986	5/1990
Canon FD-N	Canon FD-N	Canon FD-N	Canon FD-N	Canon FD-N	(18)	Canon FD-N	Canon FD-N
•	X	•	X	X	X	X	X
•32 Scheiben	X	•	X	X	X	•;8 Scheiben	X
—	AF-Meßfeld 3 Schärfenindikatoren	—	Schnittbild, Mikroprismenring	Schnittbild, Mikroprismenring	AF	—	Schnittbild, Mikroprismenring
Meßnadel, Meßkelle, Verschlußzeit, Blendenskala, Fehlbelichtungs-warnungen Arbeitsblenden-/ Batterieprüfindex	Meßnadel, Verschlußzeiten-skala, Fehlbelichtungs-, Batterie- und Verwackelungs-warnungen	—	LEDs für P, M, Blitz	LEDs für Belichtungsfunktion, Selektivmessung, Blitz, Blende,	LEDs für P, M, Blitz und Warnung	(19)	Verschlußzeiten-skala
Siliciumzelle	Siliciumzelle	Siliciumzelle	Siliciumzelle	Siliciumzelle	Siliciumzelle	Siliciumzelle	Siliciumzelle
-1–20	1–18		1–18	1–19	1–19	0–20	-1–18
Arbeits- und Offenblende	Arbeitsblende	Arbeitsblende	Arbeitsblende	Arbeits- und Offenblende	Arbeits- und Offenblende	Arbeits- und Offenblende	Arbeitsblende
P/S	X	—	X	P	X	P/S	X
•	•(unten)	—	•	•	•	•	•
6-6400	25-1600	—	25-1600	12-1600	12-1600	6-6400(DX)	25-1600
•	•	—	X	X	X	•	•
•	X	—	X	•	X	•	X
X	X	—	•	•;3	•;5	•;8	X
•	•	—	X	•	•	•	•
Arbeitsblenden-Zeitautomatik, Blitzautomatik,	X		Blitzautomatik	Arbeitsblenden-Zeitautomatik, Blitzautomatik,	Arbeitsblenden-Zeitautomatik,	Arbeitsblenden-Zeitautomatik, Blitzautomatik,	X
horiz., Titan	horiz., Tuch	horiz., Titan(20)	vert., Kunststofflam.	vert., Kunststofflam.	vert., Kunststofflam.	vert., Metallam.	vert., Metallam.
8-1/2000,B(17)	2-1/1000,B		2-1/1000	2-1/1000,B	2-1/1000	30-21/4000,B	8-1/1000
X 1/60(13)	X 1/60(13)		X 1/60(13)	X 1/90(13)	X 1/90(13)	X 1/250(13)	X1/60(13)
manuell	manuell	manuell	motorisch	motorisch	motorisch	motorisch	manuell
Hebel oben	Hebel oben	motorisch	motorisch	motorisch	motorisch	motorisch	Hebel oben
MD/PW	X	14/10/5fps	2fps	2fps	2fps	4.5/2fps	X
einklappb. Kurbel	einklappb. Kurbel	motorisch	einklappb. Kurbel	motorisch	motorisch	motorisch	einklappb. Kurbel
•	•	—	•	•	•	•	•
X	X	—	X	X	X	X	X
•	•	—	•	•	•	•	•
X	X	•	X	X	X	X	X
X	X	—	X	•	•	•	X
±2LW	+1.5LW		X	Speichertaste	•	±4LW	X
•	X	—	X	X	X	•	X
•	X	—	X	•	•	•	X
PX28,6 V	2xAAA	2x512	2xAA	2xAA	4xAA	4xAA	2xLR44 or SR44
147x97x48	142x86x47	—	150x87x48	151x89x48	141x102x54	153x121x69	136x86x46
805	508	—	540	530	555	800	430

CANON EOS-KAMERAS

		EOS-1	EOS A2E	EOS A2	EOS 10S	EOS Elan	EOS 630
Modellbezeichnung in Nordamerika		EOS-1	EOS A2E	EOS A2	EOS 10S	EOS Elan	EOS 630
Modellbezeichnung im Rest der Welt		EOS 1	EOS 5	N/A	EOS 10	EOS 100	EOS 600
Fokussierung	Einstellbarer Einzel-AF	•	•	•	•	•	•
	Einstellbarer Prädiktions-AI-Servo-AF	•	•	•	•	•	•
	Automatische Umschaltung Einzel/Servo-AF	X	•	•	•	•	X
	Manuelle Fokussierung mit Bestätigung	•	•	•	•	•	•
	Meßfeld	+	II+II	II+II	I+I	+	—
	Augensteuerung	X	•	X	X	X	X
	Automatische/manuelle Meßfeldwahl	X	•/•	•/•	•/•	X	X
	Arbeitsbereich (LW)	-1-18	0-18	0-18	0-18	0-18	1-18
	Eingebauter Hilfsilluminator	X	•	•	•	•	X
Sucher	Vergrößerung (50 mm/x)	0.72x	0.73x	0.73x	0.74x	0.75x	0.80x
	Gesichtsfeld	100%	94%	94%	94%	90%	94%
	Dioptrieneinstellung	•(-3/+1)	X(†)	•(-2.75/+0.75)	X	X	X
	Schärfentiefenkontrolle	•	•	•	•	•	•
Belichtungs-meßsystem	Meßsektoren	6	16	16	8	6	6
	Selektiv/Spotmessung	•/•	X/•	X/•	X/•	X/•	X/•
	Mittenbetonte Integralmessung	•	•	•	•	•	•
	Meßbereich (LW)	0-20	0-20	0-20	-1-20	-1-20	-1-20
	Filmempfindlichkeitsbereich (ASA)	6-6400	6-6400	6-6400	6-6400	6-6400	6-6400
Belichtungs-funktionen	Intelligente Programmautomatik (mit Shift)	•	•	•	•	•	•
	Blendenautomatik	•	•	•	•	•	•
	Zeitautomatik	•	•	•	•	•	•
	Schärfentiefenautomatik	•	•	•	•	•	•
	Handeinstellung	Skala	+/–	+/–	+/–	+/–	DP/oo/CL
	Motivprogramme (PIC) (Anz. Progr.) Porträt, Landschaften, Nahaufnahmen, Sport usw.	X	•(4)	•(4)	•(4)	•(4)	•(7)
	Strichcodeprogramm (Anz. Progr.	X	X	X	•(1)	•(5)	X
	Programm gegen Verwacklungsunschärfe	X	X	X	•	•	X
	Blitzautomatik A-TTL	•	•	•	•	•	•
Spezielle Funktionen	Belichtungsreihenautomatik	•	•	•	•	•	•
	Belichtungskorrektur	•	•	•	•	•	•
	Meßwertspeicherung	•	•	•	•	•	•
	Langzeitbelichtungen	•	•	•	•	•	•
	Mehrfachbelichtungen	•	•	•	•	•	•
Verschluß	Zeitenbereich, Einstellschritt in M und	1/8000-30 s	1/8000-30 s	1/8000-30 s	1/4000-30 s	1/4000-30 s	1/2000-30 s
	Blendenautomatik	0.3LW	0.5LW	0.5LW	0.5LW	0.5LW	0.5LW
	Kürzeste Synchronzeit	1/250	1/200	1/200	1/125	1/125	1/125
	Schärfenpriorität/Auslösepriorität	•/•	•/•	•/•	•/X	•/X	•/•
Film-transport	Max. Bildfrequenz/s (mit Booster)	2.5 (5.5)	5.0	5.0	5.0	3.0	5.0
	Max. Bildfrequenz/s in AI-Servo-AF	2.0 (4.5)	3.0	3.0	3.3	2.0	2.5
	Vollautomatisch	•	•	•	•	•	•
	Geräuschgedämpft	X	•	•	X	•	X
Eingebautes Blitzgerät	Zoomreflektor (Bereich))	X	•(28-80)	•(28-80)	X(35mm)	•(28-80)	X
	Leitzahl (ISO 100/21°)	X	43-56	43-56	39	39-56	X
	Blitzbelichtungskorrektur	X	•	•	X	•	X
	Synchronisation auf den zweiten Vorhang	X	•	•	X	•	X
	Verringerung roter Augen	X	•	•	X	•	X
Weitere Merkmale	Ind. programmierbare Funktionen (Anz.)	8	16	16	14	7	7
	Spiegelvorauslösung	X	•	•	•	•	X
	Kabelkontakt	•	•	•	X	X	X
	Fernsteuerung	Kabel	Kabel	Kabel	drahtlos	drahtlos	Kabel
	Abblendtaste	•	•	•	•	•	•
	Daumenrad	•	•	•	X	•	X
	Auswechselbare Einstellscheiben (Anz.)	•(7)	•(6)	•(6)	X	X	X
	Echtzeit-Auslöser	X	X	X	X	X	X
	Pellicle-Spiegel	X	X	X	X	X	X
	Spannungsquelle (Gehäuse/Booster)	2CR5/8 AA	2CR5	2CR5	2CR5	2CR5	2CR5
	Abmessungen (BxHxT), mm	161 x 106.6 x 71.8	154 x 121 x 75	154 x 121 x 75	158 x 106 x 70	154 x 105 x 69.1	148 x 108.3 x 67.5
	Gewicht (ohne Batterien), g	850	675	665	580	570	660

• = Ja X = Nein ◆ EOS 1000F/FN hat Kugelkopfmotor zur Geräuschdämpfung † EOS 5 hat Dioptrieneinstellung
☞Keine Programmverschiebung bei EOS 650, 700, 850 ☞☞Servo AF ohne Prädiktion in EOS 620 und 650

EOS RT / EOS RT	EOS Rebel SII / EOS 1000 FN	EOS Rebel II / EOS 1000 F	EOS Rebel S / EOS 1000 N	EOS Rebel / EOS 1000	EOS 620 / EOS 620	EOS 650 / EOS 650	EOS 700 / EOS 700	EOS 750 / EOS 750	EOS 805 / EOS 850
•	X	X	X	X	•	•	X	•	•
•	X	X	X	X	•☞	•☞	X	X	X
X	•	•	•	•	X	X	•	X	X
•	•	•	•	•	•	•	•	•	•
—	—	—	—	—	—	—	—	—	—
X	X	X	X	X	X	X	X	X	X
X	X	X	X	X	X	X	X	X	X
1-18	1-18	1-18	1-18	1-18	1-18	1-18	1-18	1-18	1-18
X	•	X	•	X	X	X	•	X	X
0.80x	0.75x	0.75x	0.75x	0.75x	0.80x	0.80x	0.80x	0.80x	0.80x
94%	90%	90%	90%	90%	94%	92%	92%	92%	92%
X	X	X	X	X	X	X	X	X	X
•	X	X	X	X	•	•	X	X	X
6	3	3	3	3	6	6	6	6	6
•/X	•/X	•/X	•/X	•/X	•/X	•/X	•/X	X	X
•						X	X	•	X
-0.5-20	2-20	2-20	2-20	2-20	-1-20	-1-20	0-20	0-20	0-20
6-6400	6-6400	6-6400	6-6400	6-6400	6-6400	6-6400	25-3200	25-3200	25-3200
•	•	•	•	•	•	•☞	•☞	•☞	•☞
•	•	•	•	•	•	•	•	X	X
•	•	•	•	•	•	•	•	•	•
•	•	•	•	•	X	•	•	•	•
OP/oo/CL	+/−	+/−	Skala	Skala	OP/oo/CL	OP/oo/CL	X	X	X
X	•	•	•	•	X	X	•	X	X
X	X	X	X	X	X	X	X	X	X
X	X	X	X	X	X	X	X	X	X
•	•	•	•	•	•	•	•	•	•
•	X	X	X	X	•	•	X	X	X
•	•	•	•	•	•	•	•	X	X
•	•	•	•	•	•	•	•	X	X
•	•	•	•	•	•	•	•	X	X
•	•	•	•	•	•	•	X	X	X
1/.2000-30 s	1/2000-30 s	1/2000-30 s	1/1000-30 s	1/1000-30 s	1/4000-30 s	1/2000-30 s	1/2000-2 s	1/2000-2 s	1/2000-2 s
0.5LW	0.5LW	0.5LW	0.5LW	0.5LW	0.5LW	0.5LW	1LW	AE nur	AE nur
1/125	1/90	1/90	1/90	1/90	1/250	1/125	1/125	1/125	1/125
•/•	•/X	•/X	•/X	•/X	•/•	•/•	•/X	•/X	•/X
5.0	1.0	1.0	1.0	1.0	3.0	3.0	1.2	1.2	1.2
3.0	1.0	1.0	1.0	1.0	2.0☞	2.0☞			
•	Vorwicklung	Vorwicklung	Vorwicklung	Vorwicklung	•	•	Vorwicklung	Vorwicklung	Vorwicklung
X	◆	◆	◆	◆	X	X	X	X	X
X	X(28mm)	X	X(35mm)	X	X	X(35mm)	X(35mm)	X(35mm)	X
X	46	X	39	X	X	X	39	39	X
X	X	X	X	X	X	X	X	X	X
X	X	X	X	X	X	X	X	X	X
15	Keine	Keine	Keine	Keine	Keine	Keine	Keine	Keine	Keine
X	X	X	X	X	X	X	X	X	X
X	X	X	X	X	X	X	X	X	X
Kabel	Keine	Keine	Keine	Keine	Kabel	Kabel	Keine	Keine	Keine
8	X	X	X	X	•	•	X	X	X
X	X	X	X	X	X	X	X	X	X
•	X	X	X	X	•	•	X	X	X
•	X	X	X	X	X	X	X	X	X
•	X	X	X	X	X	X	X	X	X
2CR5	2CR5	2CR5	2CR5	2CR5	2CR5	2CR5	2CR5	2CR5	2CR5
148 x 108.3 x 67.5	148 x 99.8 x 68	148 x 96.3 x 68	148 x 99.8 x 68	148 x 96.3 x 68	148 x 108.3 x 67.5	148 x 108.3 x 67.5	149.3 x 102.2 x 69.5	149.3 x 102.2 x 69.5	149.3 x 97.2 x 69.5
660	460	460	450	400	700	660	605	620	560

Tabelle von Chuck Westfall, Canon Inc., USA

169

Canon EF-Objektive

Festbrennweiten	Bildwinkel (horiz., vert., diagonal)			AF-Motor			Optischer Aufbau					Makro
				USM	AFD	MM	G-E	Neu	AI	CaF₂	UD	
EF 2.8/14mm L USM	104°	81°	114°	•			10-13	•	•			
Fisheye EF 2.8/15mm	141°54'	91°73'	180°		•		7-8	•				
EF 2.8/20mm USM	84°	62°	94°	•			9-11	•				
EF 2.8/24mm	74°	53°	84°		•		10-10	•				
EF2.8/ 28mm	65°	46°	75°		•		5-5	•	•			
EF 2/35mm	54°	38°	63°		•		5-7	•				
EF 1/50mm L USM	40°	27°	46°	•			9-11	•	2•			
EF 1.8/50mm II	40°	27°	46°			•	5-6	•				
EF 2.5/50mm Compact Macro	40°	27°	46°		•		8-9	•				
1:1-Konverter EF †		—					3-4	•				
EF 1.2/85mm L USM	24°	16°	28°30'	•			7-8	•	•			
EF 1.8/85mm USM	24°	16°	28°30'	•			7-9	•				
EF 2/100mm USM	20°	14°	24°	•			6-8	•				
EF 2.8/100mm Macro	20°	14°	24°			•	9-10	•				
EF 2.8/135mm (Weichz.)	15°	10°	18°		•		6-7	•	•			
EF 1.8/200mm L USM	10°	7°	12°	•			10-12	•			3•	
EF 2.8/200mm L USM	10°	7°	12°	•			7-9	•			2•	
EF 2.8/300mm L USM	6°50'	4°35'	8°15'	•			8-10	—		•	•	
EF 4/300mm L USM	6°50'	4°35'	8°15'	•			7-8	•			2•	
EF 2.8/400mm L USM	5°10'	3°30'	6°10'	•			9-11	—			2•	
EF 4.5/500mm L USM	4°	2°45'	5°	•			6-7	—		•	•	
EF 4/600mm L USM	3°30	2°20'	4°10'	•			8-9	•		•	2•	
EF 5.6/1200mm L USM	1°45'	1°10'	2°05'	•			9-12	—	2•			
Zoomobjektive												
EF 2.8/20-35mm L	84°-54°	62°-38°	94°-63°		•		12-15	•	•			
EF 2.8-4/28-80mm L USM	65°-25°	46°-17°	75°-30°	•			11-15	•	2•			•
EF 3.5-5.6/28-80mm USM	65°-25°	46°-17°	75°-30°	•			9-10	•	•			•
EF 3.5-4.5/28-105mm USM	65°-19°20'	46°-13°	75°-23°20'	•			12-15	•				•
EF 4-5.6/35-80mm USM	54°-25°	38°-17°	63°-30°	•			8-8	•	•			•
EF 4-5.6/35-80mm	54°-25°	38°-17°	63°-30°			•	8-8	•				•
EF 4.5-5.6/35-105mm USM	54°-19°20'	38°-13°	63°-23°30'	•			12-13	–	•			•
EF 4.5-5.6/35-105mm	54°-19°20'	38°-13°	63°-23°30'			•	12-13	•	•			•
EF 4.5-5.6/35-135mm USM	54°-15°	38°-10°	63°-18°	•			12-14	•	•			•
EF 3.5-5.6/35-350mm L USM	54°-6°	38°-4°	63°-7°	•			15-21	•			2•	•
EF 3.5-4.5/70-210mm USM	29°-9°20'	19°30'-6°20'	34°-11°20'	•			10-14	•				•
EF 4-5.6/75-300mm USM	27°-6°50'	18°11'-4°35'	32°11'-8°15'	•			9-13	•				•
EF 4-5.6/75-300mm	27°-6°50'	18°11'-4°35	32°11'-8°15'			•	9-13	•				•
EF 2.8/80-200mm L	25°-10°	17°-7°	30°-12°		•		13-16	•			3•	
EF 4.5-5.6/80-200mm USM	25°-10°	17°-7°	30°-12°	•			7-10	•				•
EF 4.5-5.6/80-200mm	25°-10°	17°-7°	30°-12°			•	7-10	•				•
EF 5.6/100-300mm L	20°-6°50'	14°-4°35'	24°-8°15'		•		10-15	—		•	•	•
EF 4.5-5.6/100-300mm USM	20°-6°50'	14°-4°35'	24°-8°15'	•			10-13	•				•
Objektive zur Perspektivekorrektur												
TS-E 3.5/24mm L	74°	53°	84°*²	manuell Fokussierung			9-11	•	•			
TS-E 2.8/45mm	44°	33°	51°*²	manuell Fokussierung			9-10	•				
TS-E 2.8/90mm	22°37'	15°11'	27°*²	manuell Fokussierung			5-6	•				
Extender												
Extender EF 1.4X		—					5-7	•				
Extender EF 2X		—					4-5	•				
Extender Tube EF 25		—										

Legende zur EF-Objektivtabelle auf Seite 173

Fokussiermerkmale						Float	Streulicht-blende	Anzahl Blenden-lamellen	Kleinste Blende	Naheinstell-grenze	Max., Vergrößerung (X)	FR	
IF	E-M	FT-M	FP	FS	SF							J	N
•		•				•		5	22	0.25m	0.1		
								5	22	0.2m	0.14		
•		•				•	•	5	22	0.25m	0.14		•
•						•		6	22	0.25m	0.16		•
							•	5	22	0.3m	0.13		•
							•	5	22	0.25m	0.23		•
	•		•	•		•	•	8	16	0.6m	0.11		•
								5	22	0.45m	0.15		•
						•		6	32	0.23m	0.5		•
								—	—	0.24-0.42m	1		
	•					•		8	16	0.95m	0.11		•
•		•						8	22	0.85m	0.13		•
•		•						8	22	0.9m	0.137		•
			•			•	•	8	32	0.31m	1		•
•					•			6	32	1.3m	0.124		•
•	•		•	•				8	22	2.5m	0.09		•
•		•		•				8	32	1.5m	0.16		•
•	•		•	•			•	8	32	3m	0.11		•
•		•		•				8	32	2.5m	0.13		•
•	•		•	•				8	32	4m	0.11		•
•	•		•	•				9	32	5m	0.11		•
•	•		•	•				8	32	6m	0.11		•
•			•	•				8	32	14m	0.09		•
•						•		6	22	0.5m	0.09 (bei 35mm)		•
	•						•	8	22	0.5m	0.20 (bei 80mm)	•	
		•					•	5	22-38*¹	0.5m	0.182 (bei 80mm)	•	
•		•						5	22-27*¹	0.5m	0.19 (bei 105mm)		•
								5	22-32	0.38m	0.25 (bei 80mm)		•
								5	22-32	0.37m	0.25 (bei 80mm)		•
							•	5	22-27*¹	0.85m	0.16 (bei 105mm)		•
								5	22-27*¹	0.85m	0.16 (bei 105mm)		•
•		•					•	5	22-32	0.75m	0.15 (bei 135mm)		•
•		•						8	22-32*¹	0.6m	0.25 (bei 135mm)		•
•		•					•	8	22-27*¹	1.2m	0.17 (bei 210mm)		•
							•	7	32-45	1.5m	0.25 (bei 300mm)	•	
							•	8	32-45	1.5m	0.25 (bei 300mm)	•	
•			•				•	8	32	1.8m	0.13 (bei 200mm)		•
							•	5	22-27*¹	1.5m	0.16 (bei 200mm)	•	
							•	5	22-27*¹	1.5m	0.156 (bei 200mm)	•	
			•				•	8	32	1.4m	0.26 (bei 300mm)	•	
•		•						8	32-38*¹	1.5m	0.2 (bei 300mm)		•
		•				•		8	22	0.3m	0.14		•
•		•						8	22	0.4m	0.158		•
		•						8	32	0.5m	0.293		•
								—	—	—	—		
								—	—	—	—		
								—	—	—	—		

Canon EF-Objektive (Ergänzende Daten)

Festbrennweitige Objektive	Filterdurch-messer (mm)	Baulänge x max. Durchmesser (mm)	Gewicht (g)	Zwischen-Ring EF25	Gegenlicht-blende	Objektiv-deckel	Objektiv-köcher	Objektiv-beutel
EF 2.8/14mm L USM	EF 25	89x77	560	NR	eingebaut	Exklusive	LH-C13	ES-C13
Fish-eye EF 2.8/15mm	EF 25	62.2x73	330	NR	eingebaut	E-73	LHP-C10	ES-C9
EF 2.8/20mm USM	72	70.6x77.5	405	NR	EW-75	E-72U	LH-C13	—
EF 2.8/24mm	58	48.5x67.5	270	1.22x	EW-60	E-58	LHP-B9	ES-C9
EF 2.8/28mm	52	42.5x67.4	185	1.09x	EW-65	E-52	LHP-B9	ES-C9
EF 2/35mm	52	42.5x67.4	210	1.00x	EW-65	E-52	LHP-B9	ES-C9
EF 1/50mm L USM	72	81.5x91.5	985	NR	ES-79	E-72U	LH-D12	—
EF 1.8/50mm II	52	41x68.2	130	0.68x	ES-62	E-52	LHP-B9	ES-C9
EF 2.5/50mm Compact Macro	52	63x67.6	280	1.04x	—	E-52	LH-C10	ES-C9
1:1-Konverter EF	—	34.9x67.6	160	—	—	R-F-3	LH-B8	ES-C9
EF 1.2/85mm L USM	72	84x91.5	1,025	0.42x	ES-79	E-72U	LH-D12	—
EF 1.8/85mm USM	58	71.5x75	425	0.44x	ET-65II	E-58U	LH-B12	ES-C13
EF 2/100mm USM	58	73.5x75	460	0.42x	ET-65II	E-58U	LH-B12	ES-C13
EF 2.8/100mm Macro	52	105.3x75	650	1.38x	—	E-52	LH-C16	ES-C13
EF 2.8/135mm (Weichz.)	52	98.4x69.2	390	0.34x	ET-65II	E-52	LH-B15	ES-C13
EF 1.8/200mm L USM	48 DI	208x130	3,000	0.23x	ET-123	E-162U	Exklusive	—
EF 2.8/200mm L USM	72	136.2x83	790	0.31x	eingebaut	E-72U	LH-D18	—
EF 2.8/300mm L USM	48 DI	253x125	2,855	0.21x	ET-118	E-137U	Exklusive	—
EF 4/300mm L USM	77	213.5x90	1,300	0.24x	eingebaut	E-77U	LH-D26	—
EF 2.8/400mm L USM	48 DI	348x167	6,100	0.19x	ET-161B	E-180BU	Exklusive	—
EF f4.5/500mm L USM	48 DI	390x130	3,000	0.17x	ET-123B	E-130U	Exklusive	—
EF 4/600mm L USM	48 DI	456x167	6,000	0.16x	ET-161	E-180U	Exklusive	—
EF 5.6/1200mm L USM	48 DI	835.3x228	16,500	0.12x	eingebaut	Exklusive	Exklusive	—
Zoomobjektive								
EF 2.8/20-35mm L	72	79.2x89	570	0.8-0.92x	EW-75	E-72	LH-D13	—
EF 2.8-4/28-80mm L USM	72	119.5x84	945	0.35-0.94x	EW-79	E-72U	LH-D16	—
EF 3.5-5.6/28-80mm USM	58	77.5x72	330	0.36-1.08x	EW-68A	E-58U	LH-B12	ES-C13
EF 3.5-4.5/28-105mm USM	58	75x72	365	0.27-0.75x	EW-63	E-58U	LH-C13	ES-C13
EF 4-5.6/35-80mm USM	52	61x65	170	0.35-0.99x	EW-54	E-52U	LH-C13	ES-C9
EF 5-5.6/35-80mm	52	61x68.6	180	0.35-0.99x	EW-62*3	E-52U	LH-C13	ES-C9
EF 4.5-5.6/35-105mm USM	58	63x68	280	0.27-0.75x	EW-60B	E-58U	LH-B12	ES-C9
EF 4.5-5.6/35-105mm	58	63.3x70.6	280	0.27-0.75x	EW-68B	E-58	LH-B12	ES-C9
EF 4-5.6/35-135mm USM	58	86.4x72	425	0.21-0.86x	EW-62	E-58U	LH-C13	ES-C13
EF 3.5-5.6/35-350mm L USM	72	167.4x85	1,385	0.08-0.82x	EW-78	E-72U	LH-D22	—
EF 3.5-4.5/70-210mm USM	58	121.5x73	550	0.13-0.47x	ET-65II	E-58U	LH-C16	ES-C17
EF 4-5.6/75-300mm USM	58	122.1x71	495	0.09-0.39x	ET-60	E-58U	LH-C16	ES-C17
EF 4-5.6/75-300mm	58	122x73.8	500	0.09-0.39x	ET-65II	E-58	LH-C16	ES-C17
EF 2.8/80-200mm L	72	185.7x84	1,330	0.14-0.37x	ES-79	E-72	LH-D23	—
EF 4.5-5.6/80-200mm USM	52	78.5x69	260	0.14-0.39x	ET-54	E-52U	LH-C13	ES-C13
EF 4.5-5.6/80-200mm	52	77.8x71.2	275	0.14-0.39x	ET-62II*3	E-52	LH-C13	ES-C13
EF 5.6/100-300mm L	58	166.6x75	695	0.09-0.39x	ET-62II	E-58	LH-C21	ES-C20
EF 4.5-5.6/100-300mm USM	58	121.5x73	540	0.09-0.37x	ET-65II	E-58U	LH-C16	ES-C17
Objektive zur Perspektivekorrektur								
TS-E 3.5/24mm L	72	86.7x78	570	1.21x	EW-75B	E-72	LH-D14	—
TS-E 2.8/45mm	72	90.1x81	645	NR	EW-79B	E-72	LH-D14	—
TS-E 2.8/90mm	58	88x73.6	565	0.60x	ES-65II	E-58	LH-D14	—
Extender								
Extender EF 1.4X	—	27.3x67.6	200	—	—	Exklusive	LH-B8	ES-C9
Extender EF 2X	—	50.5x67.6	240	—	—	Exklusive	LHP-B9	ES-C9
Extender Tube EF 25	—	27.3x67.6	125	—	—	R-F-3	LH-B8	ES-C9

Legende zur Tabelle EF-Objektive:

† Ausschließlich für Kompakt-Makro EF 1:2,5/50 mm

*¹ Daten basieren auf EOS-Modellen mit halbstufiger Anzeige. Leichte Abweichung bei EOS-1.

*² Bildkreisdurchmesser = 58,6 mm

*³ Mit Adapter

USM	=	Ultraschallmotor
G-E	=	Glieder/Linsen
CaF₂	=	Fluorit-Linsen

I/R	=	Innenfokussierung (IF)
FP	=	Vorfokussierung
Float	=	automatischer Korrekturausgleich
AFD	=	Bogenmotor
Neu	=	optische Neurechnung gegenüber FD
UD	=	UD-Glas mit anomaler Teildispersion
E-M	=	elektronische Handfokussierung
FS	=	Einstellbereich-Begrenzung
FR	=	Filterdrehung

MM	=	Mikromotor
AL	=	asphärische Linse(n)
Full Macro	=	stufenlose Makroeinstellung
FT-M	=	jederzeitige Handfokussierung
SF	=	Weichzeichnung
DI	=	Steckfilter
NR	=	nicht empfohlen

Zahlen zur Linken von ● geben die Linsenzahl an

EF-Extender

Extender EF 1.4X								
Bei Verwendung mit EF-Obj.	1.8/200mm L	2.8/200mm L	2.8/300mm L	4/300mm L	2.8/400mm L	4.5/500mm L	4/600mm L	5.6/1200mm L
Brennweite, eff. Lichtstärke	2.5/280mm	4/280mm	4/420mm	5.6/420mm	4/560mm	6.3/700mm *¹	5.6/840mm	8/1680mm
Scharfeinstellung	Autofokus	Autofokus	Autofokus	Autofokus	Autofokus	von Hand	Autofokus	von Hand
Max. Vergrößerung	0.12x	0.22x	0.15x	0.18x	0.16x	0.15x	0.15x	0.12x

Extender EF 2X								
Bei Verwendung mit EF-Obj.	1.8/200mm L	2.8/200mm L	2.8/300mm L	4/300mm L	2.8/400mm L	4.5/500mm L	4/600mm L	5.6/1200mm L
Brennweite, eff. Lichtstärke	3.5/400mm	5.6/400mm	5.6/600mm	8/600mm	5.6/800mm	9/1000mm *⁴	8/1200mm	11/2400mm
Scharfeinstellung	Autofokus	Autofokus	Autofokus	von Hand	Autofokus	von Hand	von Hand	von Hand
Max. Vergrößerung	0.18x	0.32x	0.22x	0.26x	0.23x	0.22x	0.21x	0.175x

Einsatz der Extender EF 1,4x und EF 2x verringert die wirksame Lichtstärke des Grundobjektivs um eine bzw. zwei Blendenstufen.

Im Sucher und LCD-Monitor der EOS wird die wirksame Öffnung angezeigt. EOS-Kameras erfordern keinerlei Belichtungskorrektur.

*⁴ Angaben basieren auf EOS-1. Belichtungsanzeige in anderen EOS-Modellen leicht unterschiedlich.

Ausgelaufene Canon EF-Objektive	Diag. Bildwinkel	AF Motor	Glieder/ Linsen	Anz. Blenden- lamellen	Kleinste Blende	Naheinstell- grenze	Baulänge x max. Durchmesser (mm)	Gewicht (g)
EF 1.8/50mm	46°	AFD	5-6	5	22	0.45m	42.5x67.4	190
EF 3.5-4.5/28-70mm	75°-34°	AFD	9-10	5	22-29	0.5m	74.8x70.0	300
EF 3.5-4.5/28-70mm II	75°-34°	AFD	9-10	5	22-29	0.39m	75.6x70.0	285
EF 3.5-4.5/35-70mm	63°-34°	AFD	8-9	5	22-29	0.39m	63.0x68.8	245
EF 3.5-4.5/35-105mm	63°-23°30'	AFD	11-14	5	22-29	0.85m	81.9x73.2	400
EF 3.5-4.5/35-135mm	63°-18°	AFD	12-16	6	22-29	0.95m	94.5x73.4	475
EF 3.5--4.5/50-200mm L	12°19'-47°37'	AFD	14-16⁽¹⁾	8	22-29	1.2m	145.8x75.6	690
EF 4/70-210mm	34°-11°45'	AFD	8-11	8	32	1.2m	137.6x75.6	650
EF 4.5/100-200mm A	24°-12°	AFD	7-10	8	32	1.9m⁽²⁾	130.5x74.4	520
EF 5.6/100-300mm	24°-8°15'	AFD	9-15	8	32	2.0m	166.8x72	720

⁽¹⁾ 1 Fluorit-Linse, 1 UD-Glas-Linse
⁽²⁾ Manuelle Fokussierung nicht möglich

1993 eingeführte Canon EF-Objektive		Festbrennweiten		Festbrennweiten	
		EF 1.4/50mm (USM)	EF 5.6/400mm L (USM)	EF 3.5-4.5/20-35mm (USM)	EF 2.8/ 28-70mm L
Bildwinkel:	Horizontal	40°	5°	84°-54°	65°-26°
	Vertikal	27°	3°	62°-38°	46°-19°
	Diagonal	46°	6°	94°-63°	75°-34°
AF-Motor		USM	USM	USM	USM
Optischer Aufbau: Glieder/Linsen		6-7	6-7	11-12	11-16
Anzahl Blendenlamellen		8	8	5	9
Kleinste Blende		22	32	29	22
Naheinstellgrenze		0.45m	3.5m	0.34m	0.5m
Baulänge x max. Durchmesser (mm)		50.5 x 73.8	256.5 x 90	68.9 x 85.5	117.6 x 83.2
Gewicht (g)		290	1250	340	880
Filterdurchmesser		58mm	77mm	77mm	77mm
Objektivdeckel		E58U	E77U	LCEF77	LCEF77U
Gegenlichtblende		E571	Eingebaut	EW83	EW-83C
Objektivköcher		LHPC10	LH-D29	LH-D11	LH-D16/2
Objektivbeutel		LESC9	Keiner	Keiner	Keiner

Kompatibilität von Canon Speedlites und Zubehör	420/430 300EZ	160E, 200E	200M	AB46/56 60F	300TL	A/G/T+-Reihe	244T	ML-1**	ML-2**	ML-3**	Kabel f. entf. Blitzen	Zubeh. f. TTL-Multi-Blitzbetr.	Fernsteuerung LC-1	Fernsteuerung LC-2
EOS 1	●	●	■C,E	■C,E	■D,I	■C,E	✕	■C,E	●	●	●	●	■G	●
EOS A2/A2E	●	●	■C,E	■C,E	■D,I	■C,E	✕	■C,E	●	●	●	●	■G	●
EOS 10	●	●	■C,E	■C,E	■D,I	■C,E	✕	■C,E	●	●	●	●	✕	✕
EOS 100	●	●	■C,E	■C,E	■D,I	■C,E	✕	■C,E	●	●	●	●	✕	✕
EOS 1000F/FN	●	●	■C,E	■C,E	■D,I	■C,E	✕	■C,E	●	●	●	●	✕	✕
EF-M	■B,F	■B,F	●	■C,F,I	■D,I	■C,E	✕	■C,E	■B,F	■B,F	■C,F	■C,F	✕	✕
EOS 630/RT	●	●	■C,E	■C,E	■D,I	■C,E	✕	■C,E	●	●	✕	●	■G,H	■H
EOS 620/650	●	●	■C,E	■C,E	■D,I	■C,E	✕	■C,E	●	●	●	●	■G,H	■H
EOS 700	●	●	✕	✕	■J,I	✕	✕	✕	■J	●	●	●	✕	✕
EOS 750/850	■I	●	✕	✕	■J,I	✕	✕	✕	■J	●	●	●	✕	✕
Neue F-1	■B,F	■B,F	■B,E	■C,E	■B,F	●	■○	■B,E	■B,F	■B,F	✦	✦	■○	✕
Alte F-1*	■C,F	■C,F	■C,E	■C,E	■C,F	■C,E	✕	■C,E	■C,F	■C,F	✦	✦	■★	✕
T90	■I	■B,F	■B,E	■C,E	●	■B,E	✕	■C,E	●	●	✦	●	■G	●
T80 (mit AC-Objektiv)	✕	✕	✕	✕	✕	●	●	●	✕	■C,F	✦	✦	✕	✕
T70	■B,F	■B,F	■B,E	■C,E	■B,F	●	●	■C,E	■B,F	■B,F	✦	✦	■G	●
T60	■C,F	■C,F	■C,E	■C,E	■C,F	■C,E	✕	■C,E	■C,F	■C,F	✦	✦	✕	✕
T50	■A,F	■A,F	■A,E	■C,E	■A,F	●	●	■C,E	■A,F	■A,F	✦	✦	■G	●
A-1/AE-1/P	■A,F	■A,F	■A,E	■C,E	■A,F	●	●	■C,E	■A,F	■A,F	✦	✦	■○/X/○	✕
AL-1/AV-1	■A,F	■A,F	■A,E	■C,E	■A,F	■A,E	✕	■C,E	■A,F	■A,F	✦	✦	✕	✕
AT-2	■A,F	■A,F	■A,E	■C,E	■A,F	■A,E	✕	■C,E	■A,F	■A,F	✦	✦	✕	✕
EF,FTb,TX	■C,F	■C,F	■C,E	■C,E	■C,F	■C,E	✕	■C,E	■C,F	■C,F	✕	✕	✕	✕
Pellix/QL*,Tlb*	■C,F	■C,F	■C,E	■C,E	■C,F	■C,E	✕	■C,E	■C,F	■C,F	✕	✕	✕	✕
FT-QL*, FX*, FP*	■C,F	■C,F	■C,E	■C,E	■C,F	■C,E	✕	■C,E	■C,F	■C,F	✕	✕	✕	✕
Canonflex (sämtliche)*	■C,F	■C,F	■C,E	■C,E	■C,F	■C,E	✕	■C,E	■C,F	■C,F	✕	✕	✕	✕

● Verwendbar
■ Mit Einschränkungen verwendbar
✕ Nicht verwendbar
✚ Erfordert Blitzkuppler
○ Erfordert Motorantrieb AE FN oder Power Winder AE FN
A: Tv 1/60 s, Av manuell

B: Tv 1/90 s, Av manuell
C: Tv + Av müssen von Hand eingestellt werden
○ Erfordert Motorantrieb MA oder PW A2
D: TTL-Automatik und Handeinstellung möglich
E: Externe Blitzautomatik möglich
F: Nur manuelle Einstellung

★ Erfordert Motorantrieb MF oder PW F
✦ Kompatibilität variiert mit Speedlite
G: Erfordert Adapterkabel
H: Erfordert Handgriff GR-20
I: Keine Synchronisation auf den zweiten Vorhang
J: TTL-Blitzautomatik möglich

†A/G/T-Reihe: Komplette Reihe der Speedlites A, G und T: 011A, 133A, 155A, 166A, 177A, 188A, 199A, 533G, 577G, 277T, 299T (244T in nächster Spalte).
* Diese Kameras benötigen für diese Speedlites den Kabelkontakt/Mittenkontakt-Adapter eines Fremdherstellers.
** ML-1 + ML-2 sind an einige Neue FD-Objektive mit Filtergewinde 58 mm direkt ansetzbar. An andere FD- und EF-Objektive mit Filtergewinde 52 mm können sie über einen Macrolite Adapter 52 bzw. 52B in Verbindung mit einem Klemmring 52 angesetzt werden. (Der Macrolite Adapter 55 und der Klemmring 55 werden nicht mehr hergestellt und sind nicht mehr lieferbar.)
*** ML-3 kann direkt an das Kompakt-Makro EF 50 mm und das Makro EF 100 mm angesetzt werden. ML-3 kann über einen Macrolite Adapter 52 C oder 58C auch an andere FD- bzw. EF-Objektive mit Filtergewinde 52 mm bzw. 58 mm angesetzt werden.

Objektive mit Universal-Schraubgewinde für Meßsucherkameras

Objektiv	Typ	Diag. Bildwinkel	Vergr.	Linsen/ Glieder	kl. Blende	Entfernungsskala		Anschluß Ø (mm)		Gegen-Lichtblende	Köcher	Vergütung	Gewicht (g)
						Feet	Meter	Deckel	Filter				
1:3,5/19mm	Superweitwinkel	96°	0.38x	9/7	16	1.75-20∞	0.5-7∞	57	55	—	Exclusive	Magenta, Purpur	200
1:3.5/25mm	Superweitwinkel	82°	0.6x	5/3	22	3.5-50∞	1-20∞	42	40	—	A	Purpur	145
1:2.8/28mm	Superweitwinkel	75°	0.56x	6/4	22	3.5-50∞	1-20∞	42	40	—	A	Magenta	160
1:2/35mm	Weitwinkel	64°	0.7x	7/4	22	3.5-50∞	1-10∞	42	40	—	A	Amber	107
1:1.5/35mm	Weitwinkel	64°	0.7x	8/4	22	3.5-50∞	1-10∞	50	48	—	A	Amber	185
1:1.8/35mm	Normalobjektiv	46°	1.0x	6/4	22	3.5-50∞	1-20∞	42	40	S-42	B	Amber	188
1:1.4/50mm	Normalobjektiv	46°	1.0x	6/4	22	3.5-60∞	1-20∞	50	48	S-50	B	Amber	246
1:1.2/50mm	Normalobjektiv	46°	1.0x	7/4	22	3.5-50∞	1-20∞	57	55	Spezial	Spezial	Amber	322
1:0.95/50mm	Normalobjektiv	46°	1.0x	7/5	16	3.5-50∞	1-20∞	75	72	Spezial	Spezial	Amber	605
1:1.8/85mm	kleines Tele	29°	1.7x	5/4	22	3.5-60∞	1-20∞	60	58	T-60	D	Magenta	470
1:2/100mm	Teleobjektiv	24°	2.0x	6/4	22	3.5-100∞	1-30∞	60	40	T-60	E	Purpur	515
1:3.5/100mm	Teleobjektiv	24°	2.0x	5/4	22	3.5-60∞	1-20∞	42	58	T-42	H	Amber	220
1:3.5/135mm	Teleobjektiv	18°	2.7x	4/3	22	5-100∞	1.5-30∞	50	48	T-50	E	Magenta	424
M 1:2.5/135mm	Teleobjektiv	18°	2.7x	6/4	22	5-100∞	1.5-30∞	60	58	T-60	Spezial	Magenta	500
M 1:3.5/200mm	Teleobjektiv	12°	4.0x	7/5	22	8-150∞	2.5-50∞	60	58	T-60	Spezial	Magenta	610
M 1:4.5/400mm	Fernobjektiv	6°	8.0x	5/4	22	8	2.6	100	48	Spezial	Spezial	Magenta	1,7
M 1:5.6/600mm	Fernobjektiv	4°	12x	2/1	32	16	5.1	118	48	Spezial	Spezial	Purpur	2,100
M 1:8/800mm	Fernobjektiv	3°	16x	2/1	32	31	11	112	48	Spezial	Spezial	Purpur	1,900
M 1:11/1000mm	Fernobjektiv	2.4°	20x	2/1	32	45	15	100	48	Spezial	Spezial	Purpur	1,800

Anmerkungen:
Das für Objektive über M 200 mm angegebene Gewicht schließt alles erforderliche Zubehör ein.
Die Objektive über 400 mm sind nur Köpfe. Zur Orientierung ist die Naheinstellgrenze angegeben.

Canon FL-Objektive		Diag. Bildwinkel	Blendentyp	Vorwahlsystem	Vergrößerung	Linsen/Glieder	Kleinste Blende	Entfernungsskala		Anschlußdurchmesser (mm)		Gegenlichtblende	Köcher	Vergütung	Gewicht (g)
Objektiv	Typ							Feet	Meter	Deckel	Filter				
FL19mm F3.5R	Superweitwinkel	96°	Springblende	A/M-Ring	0.38x	11-9	16	1.75-20∞	0.5-7∞	80	Ser. 9	—	Excl.	Amber	500
Fl28mm F3.5	Superweitwinkel	75°	Springblende	A/M-Ring	0.56x	7-7	16	1.5-10∞	0.4-3∞	60	58	W-60-B	C	Amber	240
FL35mm F2.5	Weitwinkel	64°	Springblende	A/R-Ring	0.7x	7-5	16	1.5-10∞	0.4-3∞	60	58	W-60-A	C	Magenta	352
FL35mm F3.5	Weitwinkel	64°	Springblende	A/M-Ring	0.7x	6-6	16	1.5-10∞	0.4-3∞	50	48	W-50-A	C	Multi-layer	270
FLP38mm F2.8 [1)	Weitwinkel	59°	Springblende	A/R-Ring	0.76x	4-3	16	3-30∞	0.8-8∞	60	48	—	Excl.	Magenta	210
FL50mm F3.5	Normal (Makro)	46°	Springblende	A/M-Ring	1x	4-3	22	9.2in-20∞	0.234-5∞	60	58	S-60	Excl	Amber	295
FL50mm F1.8	Normal	46°	Springblende	A/M-Ring	1x	6-4	16	2-30∞	0.6-10∞	50	48	S-50	C	Magenta, Purple	280
FL50mm F1.4	Normal	46°	Springblende	A/M-Ring	1x	7-6	16	2-30∞	0.6-10∞	60	58	S-60	C	Amber, Purple	340
FL55mm F1.2	Normal	43°	Springblende	A/M-Ring	1.1x	7-5	16	2-30∞	0.6-10∞	60	58	S-60	C	Purple. Amber	480
FL85mm F1.8	kleines Tele	29°	Springblende	A/R-Ring	1.7x	5-4	16	3.5-60∞	1-20∞	60	58	T-60	D	Magenta, Purple	445
FL100mm F3.5	Teleobjektiv	24°	Springblende	A/R-Ring	2x	5-4	22	3.5-60∞	1-10∞	50	48	T-50	H	Purple	278
Fl135mm F3.5	Teleobjektiv	18°	Springblende	A/M-Ring	2.7x	4-3	22	5-100∞	1.5-30∞	50	48	T-50	E	Magenta	434
FL135mm F2.5	Teleobjektiv	18°	Springblende	A/R-Ring	2.7x	6-4	16	5-100∞	1.5-30∞	60	58	T-60	F	Magenta	645
FL200mm F3.5	Teleobjektiv	12°	Springblende	A/R-Knopf	4x	7-5	22	8-100∞	2.5-30∞	60	58	eingebaut	G	Magenta	680
FL200mm F4.5	Teleobjektiv	12°	Springblende	A/M-Ring	4x	5-4	22	8-100∞	2.5-30∞	50	48	eingebaut	Excl.	Magenta, Purple	555
FL55-135mm F3.5	Zoom	43°-18°	Springblende	A/R-Knopf	1.1-2.7x	13-10	16	7-100∞	2-30∞	60	58	S-60	Excl.	Amber	790
FL100-200mm F5.6	Zoom	24°-12°	Springblende	A/M-Ring	2-4x	8-5	22	8-100∞	2.5-30∞	57	55	eingebaut	Excl.	Magenta	1,000
FL85-300mm F5	Zoom	29°-8°	Springblende	A/R-Knopf	1.7-6x	15-9	22	12-200∞	4-50∞	75	72	eingebaut	Excl.	Magenta	1,840
R300mm F4 2)	Fernobjektiv	8°	manuell	——	6x	5-4	22	5	1.5	Spezial	48 3)	Spezial	Spezial	Magenta	1,200
R400mm F4.5 2)	Fernobjektiv	6°	manuell	——	8x	5-4	22	10.2	3.1	Spezial	48 3)	Spezial	Spezial	Magenta	1,700
R600mm F5.6 2)	Fernobjektiv	4°	manuell	——	12x	2-1	32	20	6.4	Spezial	48 3)	Spezial	Spezial	Purple	1,800
R800mm F8 2)	Fernobjektiv	3°	manuell	——	16x	2-1	32	44.3	13.5	Spezial	48 3)	Spezial	Spezial	Purple	1,900
R1000mm F11 2)	Fernobjektiv	2.4°	manuell	——	20x	2-1	32	69	21	Spezial	48 3)	Spezial	Spezial	Purple	1,800
FL-F300mm F5.6	Fernobjektiv	8°	Springblende	A/M-Ring	6x	7-6	22	13-200∞	4-50∞	60	58	eingebaut	Excl.	Magenta	850
FL-F500mm F5.6	Fernobjektiv	5°	Springblende	P/R-Knopf	10x	6-5	22	33-600∞	10-200∞	105	95	eingebaut	Excl.	Amber	2,700

1) Für Pellix und Pellix QL
2) Diese Objektive haben keine Entternungsskala. Zur Orientierung ist die Naheinstellgrenze angegeben.
3) Besonders dünne Spezialfilter 48 mm.

Sachwortverzeichnis

Kabel für entfesseltes Blitzen 133
Kamerahalterung 115, 116, 117
Kamerahalterung R4 119
Kaneko, Tomitaru 7
KasyaPa-Objektiv 7, 9, 95
Kiev 60, 99
Klemmring-Bajonett 37, 99
Kompakt-Makro-Objektiv 104, 112, 134
Konica Autorex 55
Konica C35AF 142
Konica FS-1 71
Kowa 49
Kreuz-Sensor BASIS 88
Kunststoff-Asphären 106

L-Objektive 78, 107, 109
Langfilmmagazin FN100 123
Laser-Linsen 106
lasermattierte Einstellscheibe 76
Leica 7, 9, 12, 13, 16, 23, 24, 33
Leica M3 23, 24, 30
Leica M5 56
Leica-Anschluß 95
Leica-M-Kameras 25, 29, 98
Leica-Objektive 96
Leica-Objektive mit Schraubgewinde an Canon SLR-Kameras 118
Leitz Patent für Einstellfassung 9
Leitz Visoflex 33
Lichtschachtsucher 70, 119
Lichtschachtsucher FN 121
lichtstarke Objektive 105
Linsen-Preßlinge 106
Lupenobjektive an EOS-Zwischenringen 127
Lupensucher FN-6x 70, 121

Maeda, Takeo 7
Makro-Adapter 119
Makro-Konverter FD/EOS 127
Makroblende 119
Makrotisch 119
Mamiya 40, 49
Mamiya Auto-Lux 35, 41, 42
Mamiya Family 40, 42
Mamiya Prismat 40, 41
Mehrfachsensoren 84
Mehrschichtenvergütung 105
Meßsucher 14
Metall-Schlitzverschluß 28, 29, 33
Mikro-Adapter 119
Mikro-USM 79
Mikrofotoansatz F 119, 127
Mikrofotografische Kamera 116

Mikroskopadapter 119
Minolta Dynax 7000i 73
Miranda 37
Mittelformat-Prototyp 158
Motorantrieb AE FN 70, 71, 123, 124
Motorantrieb FN 122
Motorantrieb MA 68
Motorantrieb MD 61, 120
Motorantriebe 58, 61
Motorantrieb MF 61, 120, 121
Multi-Programmautomatik 75

Nahlinsen 113
NC-Ladegerät E1 127
NC-Teil E1 127, 127
NC-Teil FN 122, 124
Neue F-1, Zubehör 69
Nikkon Kogaku Einstellfassungen 10, 10, 13, 95
Nikkor-Objektive 95, 96
Nikkorex F 40
Nikon 42, 78
Nikon F 37, 58
Nikon SP 30
Nikon-Objektive an Canon SLR-Kameras 118
Nippon Kogaku 9, 10, 95, 96, 106
Norita 66, 48
Nylon-Getriebe 64

Objektiv zur Perspektive-korrektur 111
Objektive für EX-EE 49
Objektive für Sucherkameras 96-99
Objektivkonverter FD/EOS 128
Objektivneigung 111
Okularverschluß 44
Olympus OM-1 63
optische Filmabtastung 85
Optischer Sportsucher 70, 119, 120, 140
Optischer Sportsucher FN 70, 121
Original 10
Osawa, J & Co. 40

Panta-Einstellschlitten 115
Parallaxenausgleich 25
Pellicle-Spiegel 43, 44, 76, 83
Pentacon Six 99
Pentax 37
Pentax Spotmatic 55
Pentax-Objektive an Canon SLR-Kameras 118
Petri Penta 37

Phasenerkennung mit Siliciumchip 73
Polykarbonat-Bajonett 110
Power Winder A 66, 68
Power Winder AE FN 70, 71, 123, 124
Power Winder F 120, 121
Power Winder FN 61
Power Winder für AE-1 63
Praktica 37
Praktica-Objektive an Canon SLR-Kameras 118
Praktiflex 35
Praktina 37, 99
Praktisix 99
Prismat 40
Prismensucher FN 69, 70, 121

Qint-Blitz 118
Quecksilberzellen 62

R-Objektive 40, 41
Rahmensucher 115
Regula Reflex 39
Reprogestell 3F
Reprostativ F 119
Retina Reflex 37, 49
Ricohflex 37
Ringblitzleuchten 134
Rollei SL2000 und SL3000 47, 66
Rollei SL2000F 71
Rolleiflex 130
Röntgenkameras 12, 99
Rückschwingspiegel 37

Schärfentiefenautomatik 80
Schnelladeprinzip 71
Schnelladesystem 44
Schnellschalt-Bodenplatte 15, 115, 116
Schnellschalthebel 25
Schnittstelle TB 124
Schrittschaltmotor 77
Scopus Brockway 37
Seiki Kogagu 7, 9, 14, 95, 96
Selbstauslöser 117, 118
Selbstverlängerungsadapter 129
Selenzelle 32, 34, 57
Serenar, Namensänderung in Canon 96
Serenar-Objektive 13, 95
Serenar-Sucher 113
Servosucher EE 120
Shift-Objektiv 111
Side Lighting Unit 129